杏
新品种选育

苑克俊　牛庆霖　编著

中国农业科学技术出版社

图书在版编目（CIP）数据

杏新品种选育 / 苑克俊，牛庆霖编著 . -- 北京：中国农业科学技术出版社，2024. 10. -- ISBN 978-7-5116-7122-6

Ⅰ . S662.024

中国国家版本馆 CIP 数据核字第 2024NL0680 号

责任编辑	崔改泵
责任校对	李向荣
责任印制	姜义伟　王思文

出 版 者	中国农业科学技术出版社
	北京市中关村南大街 12 号　邮编：100081
电　　话	（010）82109194（编辑室）　（010）82106624（发行部）
	（010）82109709（读者服务部）
网　　址	https://castp.caas.cn
经 销 者	各地新华书店
印 刷 者	北京建宏印刷有限公司
开　　本	185 mm×260 mm　1/16
印　　张	11.25
字　　数	280 千字
版　　次	2024 年 10 月第 1 版　2024 年 10 月第 1 次印刷
定　　价	100.00 元

━━◀ 版权所有·侵权必究 ▶━━

作者简介

苑克俊，男，博士，研究员，1963年3月出生于山东省莒县。1979—1981年为莒县第一中学学生，1981—1988年为山东农业大学果树专业学生。1988年硕士研究生毕业后进入山东省果树研究所工作，2000年获中国农业大学农学博士学位，此后曾获国家留学基金公派荷兰瓦赫宁根大学留学、山东省政府自筹资金公派美国华盛顿州立大学留学；2003年获得研究员资格，2012—2023年退休前为山东省果树研究所三级研究员，这期间担任过山东省林业厅设立的省林业科技创新（特色果品）团队岗位专家、杏产业国家创新联盟理事和中国园艺学会李杏分会理事；现为山东省农业良种工程项目课题负责人、山东省评审类高层次人才。在《园艺学报》、Theoretical and Applied Genetics 等国内外期刊发表论文90余篇，参编《苹果学》采后部分及其他5部图书，获得山东省科学技术进步奖3项及市厅级科技进步奖5项，2010年开始主持承担农业部、山东省科技厅、山东省林业厅和泰安市科技局杏育种方面的课题，选育出'开园''春华''立园'3个省级审定杏品种以及'满园''国华''玉华'等植物新品种权国家授权品种。

牛庆霖，博士，山东省果树研究所副研究员，泰安市高层次人才，一直从事杏树抗逆新品种选育及栽培技术研究工作。先后主持山东省自然基金、山东省重点研发计划、山东省农业良种工程等省级科研项目，参与国家自然科学基金、山东省重大科技创新工程等10余项课题研究工作，在 Food Frontiers、Plos One、《园艺学报》、《植物生理学报》等期刊上发表文章20余篇，参编《中国现代果树栽培》《杏大棚早熟丰产栽培技术》《杏李丰产栽培技术》等多部著作；获得林木植物新品种权6个，审定杏林木良种3个，授权发明专利5项，实用专利8项，软著4项；获山东省林业科学技术进步奖二等奖、泰安市科学技术进步奖一等奖等各类科技奖励5项；获"山东省林业优秀青年科技工作者""山东省农科院科技推广服务工作先进个人""山东省农科院优秀共产党员""山东省农科院优秀党务工作者""泰安市青年科技标兵"等荣誉称号。

前 言

本书尝试从基础知识开始介绍杏育种全过程，目的是使一个育种工作新手对从事杏育种研究需要做哪些工作，从一开始就有一个全面和概括的了解。本书对一个育种工作新手可能遇到的问题和解决办法进行重点介绍。例如，在开展新品种测试对杏品种性状特征进行描述时，有的是容易描述的，例如果皮茸毛的有无，有的不容易确定描述术语。要准确描述，既需要掌握大量的已知标准品种性状特征背景知识，也需要在新品种与已知标准品种性状特征进行对比分析方面有丰富的经验。显然，一个育种工作新手要独立完成指标描述是存在困难的。以叶片长度为例，育种工作新手由于不能完全掌握大量已知品种的叶片长度范围及背景知识，测出一片叶的长度后，往往不知道用国家标准测试指南中列出的短、中、长哪一个术语来描述。为此，本书首次介绍15个数量性状特征中每个特征描述术语和代码对应的测量数据范围，一个育种工作新手可根据测量值，查出其对应的特征描述术语和代码。这样基于测量数据得出的描述结果会更准确、更具有客观性。

作为曾经的杏树育种工作新手，很高兴经过

二十余年的努力完成此书，也很高兴书中所介绍的'春华''立园'等新品种杏在科技特派员工作、科技扶贫和乡村振兴中发挥了作用。杏种植者说，现在他们把这些新品种杏树当作"宝"。

本书是山东省农业良种工程项目课题（2021LZGC007-2）经费支持下有关育种工作的总结，内容涉及从种质收集调查、亲本选择到培育新品种、利用分子图谱鉴别新品种的育种全过程。书中图文并茂，其中的分子图谱可作为鉴别新品种和重要种质的基础数据。

在研究工作中和图书编写过程中，得到了领导、专家、老师、同学、同事、亲友和杏树种植者的大力支持和帮助，在此表示衷心的感谢！

编著者

2024 年 6 月

目录 Contents

第一章 国内外杏的概况 … 1
第一节 概述 … 1
第二节 杏的栽培历史 … 1
第三节 杏的主要生产国 … 2
第四节 我国的杏品种 … 3

第二章 杏品种选育过程和方法 … 5
第一节 杏的杂交育种 … 5
一、亲本的选择 … 5
二、花的构造和授粉 … 5
三、杂交技术 … 6
四、育种植株培育 … 8
五、植株性状调查方法 … 11
六、新品系和新品种的培育 … 17
七、区域试验和良种审定 … 19
八、通过杂交育种培育的品种 … 21
第二节 杏实生选种 … 21
一、亲本的选择 … 21
二、实生选种的步骤 … 21
三、通过实生选种选育的品种 … 22
第三节 杏育种方法的改进 … 22

第三章 杏新品种特性及其利用 … 24
第一节 杏极早熟品种 … 24
一、开园 … 24
二、春华 … 27
第二节 杏早熟品种 … 30
一、满园 … 30

二、立园 ··· 33
　　三、英华 ··· 35
第三节　杏中早熟品种 ··· 38
　　一、玉华 ··· 38
　　二、国华 ··· 40
第四节　杏中熟品种 ··· 43
　　夏华 ·· 43
第五节　杏晚熟品种 ··· 45
　　美华 ·· 45
第六节　利用杏新品种特性进行品种编组栽植 ································ 50
　　一、发展早熟品种时的品种编组 ·· 50
　　二、建立采摘园时的品种编组栽培试验 ·································· 51

第四章　杏育种种质的收集和调查 ·· **54**
第一节　果实红色杏种质 ··· 54
　　一、早熟红杏 ·· 54
　　二、种质 z148 ·· 56
　　三、种质 S168 ·· 57
　　四、大红杏 M ··· 58
　　五、种质 S72 ·· 59
　　六、名堂红 ··· 60
　　七、关爷脸 ··· 62
　　八、济丽红 ··· 64
第二节　果实非红色杏种质 ··· 66
　　一、珍珠油杏 ·· 66
　　二、大白杏 M ··· 67
　　三、大白杏 F ·· 68
第三节　油杏后代种质 ··· 70
　　一、种质 S221 ··· 70
　　二、种质 S121 ··· 71
　　三、种质 S129 ··· 73
　　四、种质 S138 ··· 74
　　五、种质 S130 ··· 74
　　六、种质 S119 ··· 75
　　七、种质 S137 ··· 77
　　八、种质 363 ··· 78
第四节　早熟杏种质 ··· 78
　　一、早荷 ·· 78

二、种质 J35 ……………………………………………………………………… 80
　　三、一串黄 …………………………………………………………………… 81
　　四、红光 ……………………………………………………………………… 83
　　五、早熟圆杏 ………………………………………………………………… 84
　　六、红丰 ……………………………………………………………………… 85
　　七、红荷包 …………………………………………………………………… 86
　　八、二花槽 …………………………………………………………………… 88
第五节　中熟杏种质 …………………………………………………………………… 89
　　一、作石杏 …………………………………………………………………… 90
　　二、种质 J25 ………………………………………………………………… 91
　　三、丰园红 …………………………………………………………………… 92
　　四、金太阳 …………………………………………………………………… 94
　　五、金太阳变异 ……………………………………………………………… 96
　　六、巴丹杏 …………………………………………………………………… 98
　　七、种质 S50 ………………………………………………………………… 100
　　八、种质 J87 ………………………………………………………………… 101
　　九、苹果红杏 ………………………………………………………………… 102
　　十、红玉杏 …………………………………………………………………… 103
　　十一、车头杏 ………………………………………………………………… 105
　　十二、红太阳 ………………………………………………………………… 106
　　十三、徂徕红杏 ……………………………………………………………… 108
　　十四、种质 S169 ……………………………………………………………… 109
　　十五、玉巴丹 ………………………………………………………………… 110
　　十六、大核杏 ………………………………………………………………… 111
第六节　晚熟杏种质 …………………………………………………………………… 113
　　一、凯特 ……………………………………………………………………… 113
　　二、泰安水杏 ………………………………………………………………… 115
　　三、红金臻 …………………………………………………………………… 117
　　四、大麦黄 …………………………………………………………………… 119
　　五、种质 136 ………………………………………………………………… 120
　　六、少山红 …………………………………………………………………… 121
　　七、少山二号 ………………………………………………………………… 123
　　八、种质 M1 ………………………………………………………………… 124
　　九、色买提 …………………………………………………………………… 125
　　十、种质 S32 ………………………………………………………………… 127
　　十一、种质'实生小杏' ……………………………………………………… 128
　　十二、北华 …………………………………………………………………… 129
　　十三、豆瓣杏 ………………………………………………………………… 130

第七节　特异性状杏种质 ·· 132
　　一、东华 ·· 132
　　二、种质 DP11 ··· 133
　　三、青皮篮 ··· 134
　　四、金业巴丹 ··· 136
　　五、种质 363 ·· 138
　　六、龙庭杏梅 ··· 140
　　七、种质 S168 ·· 140
　　八、早荷 ·· 141
　　九、豆瓣杏 ··· 141
　　十、大核杏 ··· 141
第八节　高可溶性固形物杏种质 ·· 141
　　一、种质 J42 ·· 141
　　二、甜丰 ·· 143
　　三、短茸毛小杏 ··· 144
　　四、火玲珑 ··· 145
　　五、白杏 Y ··· 147
　　六、种质 M31 ·· 148
　　七、小杏 T ··· 149
　　八、种质 PS75 ··· 151
　　九、树上干 ··· 153
　　十、龙窝杏 ··· 154
第九节　已收集但尚未完成调查的杏种质 ·· 155
　　一、实生油杏 ··· 155
　　二、阳谷杏 ··· 156
　　三、香密杏 ··· 156

第五章　杏新品种和重要种质的分子鉴别方法 ·· 159
　　一、试验材料 ··· 159
　　二、DNA 提取及 PCR 扩增 ··· 159
　　三、毛细管电泳检测实验 ·· 160
　　四、毛细管电泳图谱 ··· 160
　　五、品种和重要种质的分子识别图谱 ·· 161
　　六、分子身份证构建 ··· 162

附录 ··· 166
　　附录一　林草植物新品种网上申请注意事项 ·· 166
　　附件二　2022 年山东省主要林木品种审定申报要求 ······························ 169

第一章 国内外杏的概况

第一节 概 述

杏在水果市场上具有不可替代的作用[1],是初夏新鲜水果市场上的主要鲜销水果[2]。它风味独特,色泽艳丽,营养丰富,含有糖类、蛋白质、钙、磷、铁以及多种维生素,其果实中的胡萝卜素含量居于各类水果之首[3]。依据流行病学研究结果,食物β-胡萝卜素含量与癌症发生概率呈反比关系,经常食用杏的人群癌症发病率低[4]。硒和胡萝卜素都有明显延缓细胞和机体衰老的功能,杏仁是天然的富硒产品,杏仁中硒含量高达27mg/100g[3]。杏不仅可以鲜食,在长期栽培过程中也发展出许多加工品[5]。杏树还在我国北方的治沙防尘工作中发挥了重要作用。

杏为木兰纲(Magnoliopsida)蔷薇目(Rosales)蔷薇科(Rosaceae)植物的果实[5],世界上杏共有10个种,在中国就有9个种[3]。如普通杏(*Prunus armeniaca* L.)、藏杏(*P. holosericeae* Batal.)、西伯利亚杏(*P. sibirica* L.)、满杏(*P. mandshurica* M.)等。在国外,梅(*P. mume*)英文名Japanese Apricot,也归入杏的范畴[6]。哲本特亚叶娃(Zhebentyayeva)等美欧学者认为,所有杏都是二倍体植物,有8对染色体,因此可以相互杂交[6];但在我国存在三倍体的苍山杏梅[3]。

目前栽培的杏树大多数属于普通杏(*Prunus armeniaca* L.),为蔷薇科李属植物;若采用《中国植物志》更为细致的分类系统,杏(*Armeniaca vulgaris* L.)为蔷薇科杏属植物[7]。目前这两种分类系统的学名都在使用,发表论文时一般使用杏(*Prunus armeniaca* L.),根据国家林业和草原局规定申请植物新品种权时也使用杏(*Prunus armeniaca* L.);而向山东省林木品种委员会申报林木良种审定时,获得的良种证书则使用杏(*Armeniaca vulgaris*)。

第二节 杏的栽培历史

杏在中国栽培历史悠久,资源丰富。尽管杏的学名中有*armeniaca*,表明其与亚美尼亚有关,但它的历史并不清楚,现在国内外都认可中国栽培杏的历史最早[7]。国外记载表明,在中国杏的历史可追溯到公元前658年(蔷薇科植物基因组网站,https://www.

rosaceae.org/）[7]。实际上，《管子》记载"五沃之土，其土宜杏"，这应该是在公元前685年[8]。中国的文献还表明，杏的开花和结果在周朝（公元前1046年—公元前256年）广泛应用的农历书《夏小正》中已有记载，而《夏小正》可能是在更早的夏朝写出的[9]。这表明杏在中国的栽培历史超过3 000年。

瓦维落夫（Vavilov，1953）认为杏有三个起源中心：(1) 中国中心，包括中国中西部的山地和邻近的低地；(2) 中亚中心，包括阿富汗、印度西北部、巴基斯坦、克什米尔、塔吉克斯坦、乌斯别克斯坦等；(3) 近东中心，包括小亚细亚、外高加索、伊朗和土库曼斯坦[6]。大多数现代学者支持杏最早出现在中亚和中国，认为它们是杏的独立驯化中心；有的学者认为，到底是在中亚还是在中国首先栽培杏，则有待澄清；有的学者认为，首先栽培杏的是中国，根据加多勒（De Candolle，1886）在其"栽培植物的起源"中引用的文献证据，中国开始杏栽培的时间可追溯到公元前第三个千年的末期，也就是在距今四千多年前；在中亚，杏栽培引入较晚，在公元前第二个千年到公元前第一个千年，也就是在距今二千年前到距今四千年这个时期[6]。

全球第一条贸易路线"丝绸之路"在公元前第二个千年到公元前第一个千年期间建立，中国和中亚主要栽培中心的种质交换基本上沿着这条路线进行。由于中亚掌握了种子繁殖技术，沿着"丝绸之路"传入中亚的中国种质融入了当地的杏种质，结果，种植在塔吉克斯坦泽拉夫尚（Zeravshan）山谷和乌兹别克斯坦花剌子模（Khorezm）绿洲的非当地原生的杏变种具有典型中国杏的某些果实特征，分子标记分析支持中国杏种质的基因渗入增强了中亚"丝绸之路"沿线混合区的多样性[6]。许多研究支持天山西部的野生杏种群是中亚杏驯化的主要祖先基因库，也是中亚向更西部的西方传播的杏；在过去的3 000~4 000年间，杏由中国和中亚传播到欧洲，随后传播到北美洲和世界其他地方。杏是从欧洲跨过大西洋和从中国跨过太平洋两条路径传播到北美的[6]。

第三节 杏的主要生产国

按照联合国粮农组织数据（表1-1）[6]，亚洲是杏的主要产区，其产量占世界产量的50%以上；欧洲是杏的第二大产区，其产量大约是亚洲产量的一半；非洲是杏的第三大产区，其产量大约是欧洲产量的一半；北美洲、南美洲和大洋洲产杏较少。

在亚洲，土耳其、伊朗、巴基斯坦、乌兹别克斯坦、日本、叙利亚和中国是主要生产国；在欧洲，意大利、法国、西班牙、乌克兰、希腊和俄罗斯是主要生产国；在非洲，阿尔及利亚、摩洛哥、南非和埃及是主要生产国；北美洲产杏虽然少，但美国也是主要生产国之一。

在全球范围内，土耳其、伊朗、意大利、巴基斯坦、乌兹别克斯坦和法国是前六个主要生产国。中国的杏产量居全球第12位，大约是法国产量的一半。

表1-1　主要生产国的杏产量（联合国粮农组织，2008）

国家或地区	2004—2006年平均产量（万t）	国家或地区	2004—2006年平均产量（万t）
亚洲	173.1	欧洲	92.6
土耳其	54.7	意大利	22.3
伊朗	23.9	法国	17.4
巴基斯坦	20.1	西班牙	13.3
乌兹别克斯坦	19.3	乌克兰	8.5
日本	11.9	希腊	7.9
叙利亚	10.1	俄罗斯	6.3
中国	8.6	北美洲	6.7
非洲	43.7	美国	6.5
阿尔及利亚	13.4	南美洲	5.3
摩洛哥	10.6	大洋洲	2.1
南非	7.5	世界	323.5
埃及	7.3		

第四节　我国的杏品种

在我国，杏主要在黄河流域的北方地区栽植，包括新疆、山东、河北、河南、甘肃、陕西、山西等省区，其中新疆栽植面积最大。就品种来说，在长期发展过程中，各地涌现出一些适合当地发展的地方品种，如新疆的'色买提'和'小白杏'，甘肃的'兰州大接杏'，河南的'仰韶杏'，河北的'串枝红'，北京的'骆驼黄'，以及山东的'红玉杏'和'关爷脸'。山东省20世纪90年代引种选育的'金太阳'[10-11]和'凯特'[12]，均已成为国内各主要产区发展的两个品种。

进入21世纪后，我国面临人民生活水平提高后对水果需求多样性增加的问题，生产上存在早、中、晚熟品种搭配不合理，露地栽培鲜杏供应期短的问题，迫切需要新品种来促进杏产业的发展。为此，北京、山东、河北、河南、辽宁、甘肃等地域内的国家级和省级科研单位在农业部行业科技专项计划支持下，自2010年开始开展了新的杏育种工作，各自选育出一些新品种[1]。就山东省来说，尽管此前生产上已存在'红荷包'等早熟品种和'济丽红''珍珠油杏'等晚熟品种[13]，但并不能满足生产需要，生产上需要早熟、极早熟等新品种来促进杏产业的发展。目前，山东已选育出极早熟品种'开园'[14-15]和'春华'[16]，以及早熟品种'立园'[17]等新品种。

参考文献

[1] 王玉柱.中国杏和李产业调查报告.北京：中国农业出版社，2016.
[2] 苑克俊，李圣龙，牛庆霖，等.山东省杏产业发展分析与建议.落叶果树，2018，50（2）：8-11.

［3］张加延. 中国李杏资源及开发利用研究. 北京：中国林业出版社，1999.

［4］王玉柱，孙浩元，杨丽. 我国杏树发展现状分析及建议. 中国农业科技导报，2003，5（2）：24-27.

［5］苑克俊，牛庆霖. 杏及其加工制品的质量安全与产业发展. 食品科学技术学报，2015，33（4）：6-10.

［6］Zhebentyayeva T, Ledbetter C, Burgos L, et al. Fruit Breeding, Handbook of Plant Breeding 8. DOI: 10.1007/978-1-4419-0763-9_12, Springer Science+Business Media, LLC 2012.

［7］苑克俊，葛福荣，牛庆霖. 杏基因组全新组装及杏的进化分析. 植物生理学报，2020，56（10）：2187-2200.

［8］河北农业大学. 果树栽培学各论：北方本（上册）. 北京：农业出版社，1980.

［9］章秋平，刘威生. 杏种质资源收集、评价与创新利用进展. 园艺学报，2018，45（9）：1642-1660.

［10］王家喜，杨式忠，孙山，等. 特早熟欧洲甜杏新品种金太阳引种研究报告. 落叶果树，1999（3）：23.

［11］孙山，王少敏，高华君，等. 早熟杏新品种'金太阳'. 园艺学报，2003，30（5）：633.

［12］王金政，李林光，邹显昌. 优质丰产大果良种——凯特杏. 落叶果树，1994（4）：22.

［13］苑克俊，辛力，王长君，等. 山东省杏生产现状及发展建议. 落叶果树，2012，44（5）：20-23.

［14］苑克俊，牛庆霖，王培久. 特早熟杏'开园'的培育和栽培管理技术. 烟台果树，2017（3）：18-19.

［15］苑克俊，石一川，牛庆霖，等. 逆境下9个极早熟、早熟杏品种性状的调查与分析. 落叶果树，2023，55（2）：14-16.

［16］苑克俊，王培久，李圣龙，等. 极早熟杏新品种'春华'. 园艺学报，2019，46（s2）：2745-2746.

［17］葛福荣，苑克俊，牛庆霖，等. 早熟杏新品种'立园'. 园艺学报，2020，47（s2）：2887-2888.

第二章
杏品种选育过程和方法

第一节 杏的杂交育种

一、亲本的选择

育种亲本是杂交后代植株优良性状的来源,因此选择好亲本对于杂交育种是至关重要的。以培育新品种为目的进行杂交育种时,首先要选择那些具有优良育种性状的杏作亲本;在种质资源丰富、两种或者多种杏都具有目标性状的情况下,要选择那些具有更多优良性状的杏作亲本。鉴于我国杏的主栽品种成熟期过于集中,生产上存在早、中、晚熟品种搭配不合理、露地栽培鲜杏供应期短的问题,以及人民生活水平提高后对水果需求多样性增加的问题,在杏课题研究进行杂交育种时,确定的育种目标是培育能充分继承已有品种优良性状、拓展供应期的优质杏。

由于'红荷包'杏具有品质优等优良性状且早熟,'金太阳'具有杏产量高等优良性状,因此这两种杏被选作培育早熟优质杏的亲本进行杂交。由于'珍珠油杏'具有含糖量高、口感好等优良性状且晚熟,'凯特'具有果个大、杏产量高等优良性状,因此这两种杏被选作培育晚熟优质杏的亲本进行杂交。'金太阳×红荷包'和'凯特×珍珠油杏'是当时选定的两个主要杂交组合[1]。另外,考虑到'巴旦水杏''巴旦玉杏'是两种优质且果实个大的杏,还选用了'凯特×巴旦水杏'和'巴旦玉杏×凯特'2个组合进行杂交育种[1]。后来,由于前期选出的品种主要是中早熟和极早熟品种,后期又选择优质且晚熟的'济丽红'杏作母本、'珍珠油杏'作父本开展了杂交育种工作。

杏的杂交育种是一个漫长的过程,在此期间要进行花粉采集、授粉杂交、结果后获取种子、播种育苗、调查种苗植株生长和结果情况、筛选优株、培育优系、进行区域试验、调查杏优系特征性状和经济性状等工作,然后基于试验结果确定新品系,邀请或者由相关部门组织专家进行现场审查,根据相关部门要求整理试验材料,最后需要向国家林业和草原局提交植物新品种权申请,向山东省自然资源厅(山东省林业厅)提交山东省良种审定申请,向国家林业和草原局提交国家良种审定申请。

二、花的构造和授粉

对大多数人来说,花是美丽的,令人赏心悦目。对植物来说,花有完全不同的作用。例如，花的美艳可吸引昆虫来访问。在昆虫访问过程中，就帮助花完成了授粉，这是果实和种子形成的开始。因此，要进行人工杂交育种获得种子，需要了解花的构造和授粉是如何进行的。如图2-1A所示，花由花柱、柱头、花丝、花药、花瓣、花萼等部分组成，花柱和柱头构成雌蕊，花丝和花药构成雄蕊。花药中的花粉，借助昆虫帮助，传播到柱头上进入花粉管，就完成了授粉（图2-1B）。这里只是示意图，实际上，蜜蜂大多数情况下可能沾采其他花朵上的花粉给这朵花授粉（图2-1C）。

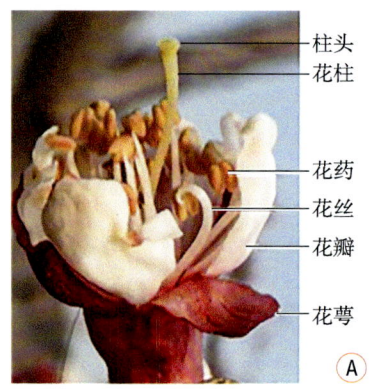  

图 2-1　花与蜜蜂授粉
（A.花的构造；B.蜜蜂帮助授粉；C.蜜蜂沾采其他花朵的花粉）

三、杂交技术

由于开放的花朵可能已经自然授粉了，这种情况下就不知道是哪个父本授粉的，所以杂交要在还未开始自然授粉的花蕾期进行（图2-2A）。图2-2B中那样已经开放的花朵要去除，只能用未开放的花蕾作母本进行杂交。杂交前一天，采集尚未开放的父本花蕾，带回室内放纸上用白炽灯靠近烘烤一晚上（图2-3A），第二天检查，手指肚触及花药，如果有黄色花粉，就可带回田间用于杂交。杂交时，首先用镊子剥开母本花蕾，用镊子去掉所有雄蕊，然后取父本花蕾，用镊子剥开，再用镊子夹持父本花蕾在母本的柱头上点授花粉，杂交授粉就完成了。也可以提早制取黄色的父本花粉（图2-3B），放入一个小瓶中，授粉时用镊子剥开母本花蕾，用毛笔蘸取花粉在母本柱头上点授。还可以用镊子剥开母本花蕾，从树上采摘父本花朵（图2-3C），将其花粉部位直接对准母本柱头上点授（图2-4A）。树体小时最好将整株树上的花朵都杂交，未杂交的花朵要去除，然后将树体用纱网罩起来；树体大时，要将一个树枝上的花朵都杂交，未杂交的花朵要去除，然后将树枝用纱网罩起来（图2-4B）。网罩可以防止鸟类危害，也可以防止他人误采杂交果实。

图 2-2 母本
（A. 用于杂交的母本花蕾；B. 母本部分已开的花要去除）

图 2-3 父本
（A. 采集的父本花蕾；B. 父本花粉；C. 父本花朵）

图 2-4 父本花朵授粉及杂交的母本植株
（A. 父本花朵花粉直接对母本柱头授粉；B. 杂交的母本植株）

四、育种植株培育

(一)播种育苗方法及其改进

1. 传统方法

杏树杂交果实成熟后,一般是对采收的种子晾干保存,待冬季进行低温沙藏层积处理后,在第2年春天进行播种育苗。

2. 赤霉素处理种子育苗方法

有研究发现,采用赤霉素处理杏种子播种育苗方法,在杏果实采收当年即可获得植株,极早熟杏'红荷包'种子用赤霉素GA_3处理后直接播种育苗,出苗率和成苗率皆达到45%以上[2-3]。进一步研究表明,赤霉素处理后种子发芽整齐,种苗出土较一致,但是种苗抗病力差,当年生长期末苗高只有30cm左右,到第2年生长期末植株高度也只有鲜种沙藏翌年播种方法处理种苗的30%[4-5]。这说明,用赤霉素处理方法当年可获得植株,但当年生植株矮,要想在杏果实采收当年获得生长健壮、植株高的种苗,需要采取新的技术措施[6]。

赤霉素处理种子育苗方法的步骤:采收杏果实后,将果肉去掉,敲除外壳,剥去内种皮并注意保持种仁完整,取出白色种仁,用100mg/L 的 GA_3 处理10min,然后立即在容器内的育苗基质中播种[6](图2-5)。对于大田栽培杏,采取赤霉素处理种子、育苗基质播种育苗、种苗带基质移栽于大田、窗纱网棚围盖防止鸟类危害、及时灌溉等措施[1],取得良好效果,种苗生长健壮。

图 2-5 赤霉素处理种子育苗
(A.种仁用赤霉素处理;B.种仁播种于育苗基质)

赤霉素处理种子育苗方法的改进:进一步研究表明,种子仅剥去部分内种皮(图2-6),用100mg/L 的 GA_3 处理10min,在育苗基质中播种育苗,同样取得良好效果[7]。

(二)种苗当年出苗和生长情况

'金太阳×红荷包''凯特×珍珠油杏''凯特×巴旦水杏'和'巴旦玉杏×凯特'共4个杂交组合种子经GA_3处理后,于6月11日至25日播种,出苗后调查结果表明，4个杂交组合种子的出苗率达到58.3%~87.0%[1]，就出苗率来说，赤霉素处理种子当年播种育苗的方法是可行的。

种苗生长一段时间后，选择阴天、下雨前或者至少是下午靠后的时间段，将种苗带基质移栽于田间（图2-7）。由种子获得的种苗移栽于田间后，设立棚架覆盖黑色遮阳网，并注意及时浇水。缓苗后去除黑色遮阳网，为防止鸟类危害，可用白色窗纱网围盖（图2-7）。种苗移栽田间后加强肥水管理，在生长期追施尿素1~2次，注意及时浇水，同时注意防治地下害虫和立枯病，土壤喷施毒死蜱1 000倍液预防地下害虫，土壤喷施甲基托布津（甲基硫菌灵）600倍液预防立枯病，注意不要将药液喷到叶上。

图2-6 种子仅剥去部分内种皮的改进方法
（引自文献[7]）

需要说明的是，当初未用纱网围盖的种苗被鸟类损坏许多。此后，采取窗纱网和遮阳网防护措施（图2-7），'凯特×珍珠油杏'杂交种子出苗后没有损失植株，'凯特×巴旦水杏'杂交种子出苗后，仅仅由于立枯病损失2株[1]，这说明，在田间进行播种育苗时，除了预防立枯病外，采取防护措施预防鸟类危害也是十分重要的[1]。

图2-7 杂交果实种子当年播种育苗
（A.基质中育苗；B.窗纱网防止鸟类危害）

'金太阳×红荷包''凯特×珍珠油杏''凯特×巴旦水杏'和'巴旦玉杏×凯特'共4个杂交组合赤霉素处理种子的种苗植株，其中相当一部分发出新梢，生长健壮（图2-8），其株高明显高于未发出新梢的种苗，发新梢植株平均株高27.3~38.9cm，最高株高达到38~50cm[1]；文献报道的赤霉素处理种子当年播种育苗方法培育的植株，当年生长期末苗高只有30cm左右，4个杂交组合后代与其株高差别不明显，但是4个杂交组合的大部分杂交植株，生长健壮，第二年平茬后生长良好，平茬剪下的树条可用作接穗进行嫁接培育嫁接植株[1]。

图 2-8 杂交种苗当年移栽到田间的生长情况

（三）种苗植株翌年生长情况

第二年春季发芽前，将'金太阳 × 红荷包''凯特 × 珍珠油杏''凯特 × 巴旦水杏'和'巴旦玉杏 × 凯特'4 个杂交组合赤霉素处理种子当年播种方法获得的种苗平茬，并利用平茬剪下的树条作接穗，嫁接到前一年预先定植的砧木上培养嫁接植株，嫁接方法主要是插皮接，少部分采用双舌接。第二年 10 月，调查这 4 个杂交组合的种苗植株生长情况。结果表明，平茬的种苗植株株高达到 124.8~144.0cm，如图 2-9A 所示嫁接植株生长量达到 128.0~177.3cm，株高达到 185.3~241.3cm[1]。而'金太阳 × 红荷包''凯特 × 珍珠油杏''凯特 × 巴旦水杏'和'巴旦玉杏 × 凯特'这 4 个杂交组合，尽管与前述赤霉素处理种子的 4 个杂交组合同一年获得种子，其种子采用传统方法常规沙藏处理，待到翌年播种获得的种苗株高为 78.3~96.7cm[1]。这说明，同在育种开始的第一年获得的亲本种子，在育种开始的第二年，赤霉素处理种子当年播种方法已获得二年生种苗植株，传统的常规沙藏处理方法只获得一年生种苗植株，前者二年生植株株高明显高于后者的一年生植株株高（图 2-9B）。这应该是赤霉素处理种子当年

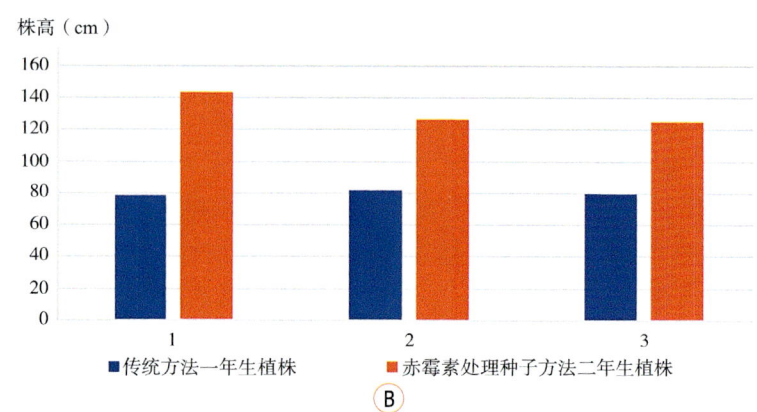

图 2-9 杂交种苗植株翌年生长情况
（A. 接穗嫁接植株；B. 三个杂交组合的种苗植株）

播种方法获得的种苗植株能提早结果、育种进程加快的物质基础和理论依据。嫁接植株株高（185.3~241.3cm）明显高于平茬种苗植株的株高（124.8~144.0cm），原因可能是嫁接植株预先定植的砧木根系发达些，能为嫁接植株提供更充足的水分和养分，这也可以解释为什么第三年嫁接植株有更多结果株。

（四）种苗植株第三年结果情况

第三年，在110株平茬种苗植株中有9株开花、1株结果，62株嫁接植株中有19株开花、8株结果，分别为3号、27号、35号、36号、78号、81号、92号和105号，传统方法沙藏处理种子植株中没有发现开花植株[1]。显然嫁接植株比平茬的种苗植株在第三年有更多的植株结果，今后进行杂交育种时充分利用种苗接穗嫁接植株，可尽早获得更多的结果植株。平茬种苗植株和嫁接植株都开花结果的是27号杂交植株，后来培育成国家植物新品种权授权品种'英华'[8]。

杏的杂交育种是一个漫长的过程，显然采果当年用赤霉素处理种子当年播种方法可加快育种进程。与传统方法相比，采果后将种子用赤霉素处理后当年播种方法可提早至少一年获得结果植株。

五、植株性状调查方法

按照国家标准GB/T 30362—2013《植物新品种特异性、一致性、稳定性测试指南 杏》进行杏品种性状调查。为方便调查，笔者根据这个指南设计了一个填充式田间调查表（表2-1）。

表2-1 杏新品种测试田间调查表

序号	测试方法	性状特征 （性状特征描述）	新品种性状特征描述或者可量化性状测定值	平均测定值	性状特征性质	性状特征类型
1	VG	植株：生长势 （很弱\弱\中\强\很强）			QN	
2	VG	植株：树姿 （直立\半开张\开张\下垂）			PQ	（*） （+）
3	MG	植株：成枝能力 （弱\中\强）			QN	
4	VG	枝条：花芽的着生位置 （主要花束状结果枝\主要花束状结果枝和一年生枝\主要一年生枝）			PQ	（*）
5	VG	枝条：一年生枝阳面颜色 （黄褐色\红褐色\紫褐色）			PQ	
6	MS	叶片：长度 （短\中\长）			QN	（*）
7	MS	叶片：宽度 （窄\中\宽）			QN	（*）

续表

序号	测试方法	性状特征 （性状特征描述）	新品种性状特征描述或者可量化性状测定值	平均测定值	性状特征性质	性状特征类型
8	MS	叶片：长度/宽度 （很小\小\中\大\很大）			QN	
9	VG	叶片：叶表的绿色程度 （浅\中\深）			QN	
10	VG	叶片：叶基形状 （楔形\钝圆形\平圆形\心形）			PQ	(*) (+)
11	VG	叶片：尖端夹角 （锐角\直角\中等钝角\大钝角）			QN	(*) (+)
12	VG	叶片：叶尖长度 （无或很短\短\中\长）			QN	(*)
13	VG	叶片：叶缘锯齿 （圆锯齿\双圆锯齿\尖锯齿\双尖锯齿）			PQ	(*) (+)
14	VG	叶片：叶缘起伏 （弱\中\强）			QN	(*)
15	MS	叶片：叶柄长度 （短\中\长）			QN	(*)
16	MG	叶片：叶片长/叶柄长 （小\中\大）			QN	
17	MG	叶片：叶柄蜜腺数 （无或1个\2~3个\多于3个）			QL	(*)
18	VG	花：瓣型 （单瓣\重瓣）			QL	(*)
19	MS	花：花径 （小\中\大）			QN	(*)
20	VG	花：花瓣下部颜色 （白\浅粉红\深粉红）			PQ	
21	MG	果实：大小 （极小\小\中\大\极大）			QN	(*)
22	VG	果实：形状 （扁圆形\圆形\卵圆形\椭圆形\长圆形\心脏形）			PQ	(+)
23	MG	果实：纵径 （短\中\长）			QN	(*) (+)
24	MG	果实：侧径 （窄\中\宽）			QN	(*) (+)
25	MG	果实：横径 （窄\中\宽）			QN	(*) (+)
26	MG	果实：纵径/横径 （小\中\大\）			QN	

续表

序号	测试方法	性状特征 （性状特征描述）	新品种性状特征描述或者可量化性状测定值	平均测定值	性状特征性质	性状特征类型
27	MG	果实：侧径/横径 （极小\小\中\大\极大）			QN	
28	VG	果实：对称性 （对称\较对称\不对称）			PQ	
29	VG	果实：缝合线深浅 （平\浅\中\深）			PQ	(*)
30	VG	果实：梗洼 （浅\中\深）			QN	
31	VG	果实：果顶形状 （尖圆\圆凸\平\凹）			PQ	(*) (+)
32	VG	果实：果顶尖 （有\无）			QL	(+)
33	VG	果实：果面 （光滑\粗糙）			QL	
34	VG	果实：果皮茸毛 （有\无）			QL	
35	VG	果实：光泽 （无或弱\中\强）			QN	
36	VG	果实：果实底色 （绿白\白\淡黄\黄\橙黄）			PQ	(*)
37	VG	果实：果实着色面积 （无或很小\小\中\大）			QN	(*)
38	VG	果实：果实着色类型 （无\粉红\红\紫）			PQ	
39	VG	果实：果实着色深浅 （浅\中\深）			QN	
40	VG	果实：果实着色样式 （斑点\片状\密布细点）			PQ	
41	VG	果实：果肉颜色 （绿白\白\黄绿\浅黄\黄\橙黄\橙红）			PQ	(*)
42	VG	果实：果肉质地 （细腻\中\粗糙）			QN	
43	VG	果实：果肉纤维 （少\中\多）			QN	
44	MG	果实：果实硬度 （很软\软\中\硬\很硬）			QN	
45	MG	果实：果实重量/果核重量 （小\中\大）			QN	

续表

序号	测试方法	性状特征 （性状特征描述）	新品种性状特征描述或者可量化性状测定值	平均测定值	性状特征性质	性状特征类型
46	MG	果实：果实香气 （无或弱\中\浓）			QN	(*)
47	VG	果实：果实汁液 （少\中\多）			QN	
48	MG	果实：可溶性固形物含量（%） （少\中\多）			QN	(*)
49	VG	果实：果肉与果核的黏离性 （离\半离\黏）			QN	(*)
50	VG	果核：形状 （扁圆\圆\卵圆\倒卵圆\椭圆\长圆）			PQ	(*) (+)
51	MG	核仁：苦味 （无或弱\中\强）			QN	(*)
52	MS	核仁：大小 鲜仁重（g） （极小\小\中\大\极大）			QN	(*)
53	VG	果核：核仁饱满程度 （不饱满\中等\饱满）			QN	
54	MS	初花期 （很早\早\中\晚\很晚）			QN	(*)
55	MS	果实成熟期 （很早\早\中\晚\很晚）			QN	(*)

注：* 和 + 分别表示国家标准测试指南中必须测的品种特征和有图解说明的特征。

对于果树育种工作者来说，培育新品种需要按照国家标准要求，对国家标准中列出的杏主要特征进行测试。2013年12月31日发布、2014年6月22日实施的国家标准 GB/T 30362—2013 为杏的新品种测试和实质审查提供了55个主要性状特征，每个特征规定了描述术语和相应的代码，并且大多数性状特征提供了一个标准品种。这55个主要性状特征，绝大部分是定性描述，在开展新品种测试对杏品种性状特征进行描述时，有的是容易描述的（例如果皮茸毛的有无），有的不容易确定描述术语。要准确描述，既需要掌握大量的已知标准品种性状特征背景知识，也需要在新品种与已知标准品种性状特征进行对比分析方面有丰富的经验。因此，新品种测试一般由具有经验的专家完成或者在经验丰富的专家指导下完成，即使是经验丰富的专家，有时也难以保证给出准确的定性描述。

显然，一个科研新手要独立完成指标描述是存在困难的。以叶片长度为例来说，科研新手由于不能完全掌握大量已知品种的叶片长度范围背景知识，测出一片叶的长度后，往往不知道用国家标准测试指南中列出的短、中、长哪一个术语来描述。实际上，在55个主要性状特征中，像叶片长度这样的数量性状特征，有15个是可以通过测量或者计算比值获得性状特征数据的，也就是实际上有些性状是可以量化测定的。对于这些性状，可以首先对一个大群体的这些性状进行测量，找出这些性状的数值范围，然后对每个性状的数值范围进行划分，找出这个性状各特征状态对应的数值范围，这样在进行性状调查时，我们就可以通过测量获得这个性状的测量值，找出这个性状用哪一个特征状态表述及其代码。笔者通过分析58个杏品种和种质资源的大量测量数据，确定了15个数量性状特征中每个特征描述术语和代码对应的测量数据范围（表2-2）。今后，利用该研究成果，测出一片叶的长度后，根据测量值很快就可以查出其对应的特征描述术语和代码（表2-2）。由于其是基于测量数据得出的结果，应该比专家基于经验得出的描述结果更为准确，更具客观性。

叶片、叶柄、花径和果实用游标卡尺测量，单果重、果核和果仁重量用电子秤测定，果实可溶性固形物含量用手持糖量计测定；获得性状特征测量数据后，某些性状特征数据通过计算比值获得。另外，还有一个果实成熟期，采用常用的果实发育期天数划分标准。

表2-2 杏数量性状主要特征描述语与对应的测量值

编号	特征	特征描述	代码	测量值
6	叶片：长度	短	3	<8.51cm
		中	5	8.51~9.98cm
		长	7	≥9.98cm
7	叶片：宽度	窄	3	<6.99cm
		中	5	6.99~8.26cm
		宽	7	≥8.26cm
8	叶片：长度/宽度	很小	1	<1.11
		小	3	1.11~1.22
		中	5	1.22~1.33
		大	7	1.33~1.44
		很大	9	≥1.44
15	叶片：叶柄长度	短	3	<3.36cm
		中	5	3.36~4.54cm
		长	7	≥4.54cm
16	叶片：叶片长/叶柄长	小	3	<2.34
		中	5	2.34~2.79
		大	7	≥2.79
19	花：花径	小	3	<3.54cm
		中	5	3.54~3.87cm
		大	7	≥3.87cm
21	果实：大小	极小	1	<38.8g
		小	3	38.8~55.1g
		中	5	55.1~71.4g
		大	7	71.4~87.7g
		极大	9	≥87.7g
23	果实：纵径	短	3	<4.62cm
		中	5	4.62~5.62cm
		长	7	≥5.62cm

续表

编号	特征	特征描述	代码	测量值
24	果实：侧径	窄	3	<4.65cm
		中	5	4.65~5.84cm
		宽	7	≥5.84cm
25	果实：横径	窄	3	<4.44cm
		中	5	4.44~5.70cm
		宽	7	≥5.70cm
26	果实：纵径/横径	小	3	<1.05
		中	5	1.05~1.15
		大	7	≥1.15
27	果实：侧径/横径	极小	1	<0.95
		小	3	0.95~1.01
		中	5	1.01~1.07
		大	7	1.07~1.13
		极大	9	≥1.13
45	果实：果实重量/果核重量	小	3	<15.37
		中	5	15.37~21.16
		大	7	≥21.16
48	果实：可溶性固形物含量	少	3	<12.0%
		中	5	12.0%~16.0%
		多	7	≥16.0%
52	核仁：大小	极小	1	<0.62g
		小	3	0.62~0.85g
		中	5	0.85~1.07g
		大	7	1.07~1.30g
		极大	9	≥1.30g
55	果实成熟期	很早	1	发育期<60d
		早	3	60~70d
		中	5	70~80d
		晚	7	80~90d
		很晚	9	≥90d

国家林业和草原局规定，2021年1月1日之后受理的品种权申请，采取全流程线上管理，并公布了"林草植物新品种网上申请注意事项"。其中，有两个重要的注意事项：①照片应包括申请品种的整体植株照片，申请品种特异性明显的一个生长周期（春、夏、秋、冬）照片；涉及叶、花、果等便于采集的部分，一种性状的对比原则上应在同一张照片上；一般为彩色照片。②照片简要说明主要是对申请品种与对照（近似）品种的特征特性进行对比说明；如果申请品种与对照（近似）品种在一张照片上，应注明分别所处的排列顺序或位置。这两个注意事项在性状调查阶段提出，就是要引起大家的重视，按照要求准备照片。如果不按照要求提早准备照片，进行植物新品种权申请时，又不能对叶、花、果以及各个季节的整株等进行补充拍照，造成缺少符合要求的照片，可能会延误申请。

六、新品系和新品种的培育

（一）选育方法和过程

一般是首先进行初选，选出一些优株，对每个优株进行扩繁栽植；然后进行优系培育和复选，测试优系植株的特异性、一致性和稳定性，优系植株数量要符合国家林业和草原局或相关部门的审查规定要求，一般情况下至少培育10株；最后对不同优系进行比较和决选，选出新品系，向国家林业和草原局植物新品种办公室提交植物新品种权申请，获得授权后即成为植物新品种。

以新品种'开园'的培育为例说明选育和植物新品种权申请。'开园'试验编号22号，以'金太阳'（无香气）为母本、'红荷包'（有香气，早熟）为父本于2011年春季杂交[9]，夏季采果后取种子，剥去种皮经赤霉素处理后于当年6月中旬播种。2012年春季采集接穗嫁接1株观察，2013年春季母株因故移栽定植。

1. 初选

2014年母株和嫁接株皆结果，5月10日成熟，成熟期较'金太阳'提早15d，0.5m×2.0m株行距，株产果0.8kg。过去优株初选采用的是基于母株进行的优株单选法，这里优株初选采用的是基于母株和嫁接株进行的优株双选法。

2. 复选

2015年5月20日母株果实成熟，较金太阳提早15d，株产9.5kg，选定为优株；2016年5月12日母株果实成熟，较金太阳提早12d，株产10.1kg，选定为优株。连续3年母株成熟期较'金太阳'提早12~15d，株产分别为0.8、9.5和10.1kg。不同年间优株果实极早熟等性状表现稳定。

幼树试验：2015年春季在山东省果树研究所万吉山试验基地定植半成品苗试验。2016年开花坐果，5月12日果实成熟，较金太阳提早12d，平均株产0.55kg，折合亩产146.3kg；2017年3年生树平均株产922.1g，折合亩产245.3kg；2018年测产，4年生树亩产674.4kg。连续3年幼树亩产量分别为146.3、245.3和674.4kg。不同株间果实性状表现一致，未发现异型株，选定为优系。

成龄树试验：为尽快获得丰产期的验收产量，2016年春季高接培育，2017年结果，2018年邀请专家进行成龄树现场测产验收。专家测产验收结果：'开园'果实品质好、特点突出，株行距1m×3m，在高密栽植模式下可早期丰产，果实5月12日成熟，可溶性固形物含量12.4%，平均单果重57.4g，6~7年生树平均株产7 325.7g，折合亩产量1 465.1kg。显然，这一产量与对照'金太阳'12年生丰产树的专家验收亩产量1 530.0kg接近。不同株间果实性状表现一致，未发现异型株，选定为具有较高经济价值的优系。

3. 决选

根据山东省果树研究所万吉山试验基地幼树和高接树的试验结果，淘汰S125等一些优株和复选优系，选定'开园'为新品系（图2-10）。根据前述试验结果，'开园'具有极早熟性状特异性、一致性和稳定性，可进行植物新品种权申请。

图 2-10 '开园'开花和结果植株

（二）植物新品种权申请流程

植物新品种权申请应向国家林业和草原局植物新品种办公室（简称新品办）提交申请材料，申请品种应当在国家林业和草原局发布的植物品种保护名录范围内，在网上提交申请，网址为：www.cnpvp.net。申请前，要注意仔细阅读国家林业和草原局公布的'林草植物新品种网上申请注意事项'（本书附录一），按照其要求准备申请材料。整个申请流程可分为提交申请新建、初步审查、实质审查和授权四个阶段。

新建阶段：注意应通过申请系统填写和提交电子版申请文件。按照国家标准 GB/T 30362—2013 植物新品种特异性、一致性、稳定性 DUS 测试技术的有关要求获得测试结果后，按照指南中的要求规范填写申请材料。

初步审查阶段：申请文件的初步审查阶段要注意上网，查看进展状态，有修改时要在 3 个月内完成要求的陈述意见或者修正。申请人、代理机构应自网上初步审查通过之日起 3 个月内，下载并打印申请文件，邮寄到新品办。这里特别强调两点：(1) 单位（企业）提出申请的，应由法人代表签字（签章），加盖公章；(2) 纸质材料不装订，打印时注意选择打印机，保证纸质材料上应有申请系统自动分配的二维码和水印，需要修改时在 1 个月内完成。

实质审查阶段：注意要提前至少 1 个月按照规定的表格填写申请。

授权阶段：过去，国家林业局及改革后的国家林业和草原局都是要求亲自前往新品办领取品种权证书，因此一般都按照规定要求填写'领取品种权证书委托函'，亲自前往新品办领取；特别情况下（如因疫情）不能前往领取，可按照规定格式填写'品种权证书委托邮寄函'，委托邮寄。

由于早期'开园'申请新品种权时的申请流程与现在的申请流程不同，下面以近年申请新品种权的'国华'为例说明具体的申请流程。

新建阶段

2021 年 12 月 6 日，进入申请页面后，显示"待提交"状态。

2021年12月7日，提交，等待审查。

初步审查阶段

2021年12月8日，显示"待修改"状态。问题是，提交图片和说明后，系统会自动给图片编号，提交的照片说明不能带图1、图2这样的编号，有的话要删除编号图1、图2。

2021年12月9日，完成修改，提交，通过审查，获得申请号和申请日，以完成修改的日期为申请日。

2021年12月9日，显示"请邮寄纸质材料"状态。

2021年12月16日，寄出材料。按照要求，特别注意检查水印和签章。

2021年12月29日，显示"待分配"状态。初步审查符合要求的申请，以在申请系统中的最后一次提交日为申请日，按照初步审查通过的顺序明确申请号，通过系统发送电子版《受理通知书》。

2022年2月15日，国家林业和草原局发布保护公告。

实质审查阶段

2022年2月18日，显示实质审查阶段、"待选择测试点"状态。

2022年3月28日，提出现场审查申请。

2022年3月29日，现场审查申请被驳回，目前主要办理2020年以前的申请。

2023年4月9日，提出现场审查申请。

2023年5月15日，专家现场审查，显示"待上传测试报告"。

授权阶段

2023年8月16日，显示授权阶段、"待公告"状态。

2023年9月15日，显示"授权"状态。2023年9月6日获得授权。

2023年10月8日，提交委托邮寄申请，显示"待审核"状态。

2023年10月12日，显示审核"通过""待邮寄证书"状态。

2023年12月15日，显示证书"已领取"状态。2023年10月14日实际收到证书。

七、区域试验和良种审定

准备进行良种审定的杏品种，在一开始阶段就要注意根据良种审定的要求进行试验和准备材料，并且每年都要注意良种审定要求的变化。例如，2021年之前，有丰产期的验收产量，在山东省就可以申请进行良种审定，到了2022年和2023年就不符合要求了，产量要求改为"经济林品种：产量、品质等指标应采用在一定试验面积内（不少于$1hm^2$）盛果期连续四年或四年以上观察数值的平均数。不可采用单株、小面积种植或高接树折合产量作为衡量标准"；但到了2024年，又符合要求了，有丰产期的验收产量在山东省又可以申请进行良种审定了。山东省良种审定的要求，见山东省自然资源厅每年发布的"关于做好20××年主要林草品种审定申报工作的通知"和"主要林木品种审定申报要求"文件；国家良种审定的要求，见山东省自然资源厅或者国家林业和草原局每年发布的"关于做好国家级林草品种审定和草品种区域试验参试申报工作的通知"。

（一）区域试验

进行良种审定的杏品种必须按照要求进行区域试验。区域试验的主要要求是：（1）申报品种须经系统选育研究和区域试验，品种优点突出，具有品种特征标准图谱（如根、枝、叶、花、果实、种子的照片）和母株、试验果园照片（每个试验点至少一张），并用明显标识区分对照品种和申报品种。（2）在山东省进行良种审定，区域试验范围应具有 3 个以上不同县域的试验点；报国家林业和草原局进行良种审定，区域试验范围应具有 3 个以上不同省域的试验点。（3）试验期限要求：杏作为经济林品种，山东省 2021 年之前的要求，需有观测记录的连续 3 年稳定产量或者丰产期的验收产量；2022 年开始，要求产量、品质等指标应采用在一定试验面积内（不少于 1hm²）盛果期连续 4 年或 4 年以上观察数值的平均数。不可采用单株、小面积种植或高接树折合产量作为衡量标准。另外，进行区域试验时注意与试验地主管部门联系备案，因为良种审定时需要试验地县级及其上级两级主管部门提供区域试验证明。

就'开园'来说，2015 年春季在山东省果树研究所万吉山试验基地、泰安泰山区、岱岳区定植半成品苗区域试验，在莒县改接小树区域试验，2016 年皆开花结果，其中日照市莒县改接区域试验树 5 月 18 日果实成熟，株产 2.56kg，虽然受当地气候影响比山东省果树研究所万吉山试验基地的'开园'晚熟 6d，但比当地其他品种成熟期早。'开园' 2 年生、3 年生和 4 年生树亩产分别为 43.56kg、734.0kg 和 680.6kg，果实早熟性状稳定。

2016 年春季在泰安泰山区进行高接试验。2018 年结果高接丰产树验收亩产量 1 465.1kg，与对照'金太阳' 12 年生丰产树亩产量 1 530.0kg 接近，成熟期较对照'金太阳'提早 12~15d，上市早、价格高。

2017 年春季在肥城市定植'开园'区域试验，2018 年开花，少量结果，成熟期极早。

决选：根据山东省果树研究所万吉山试验基地幼树和高接树的试验结果以及区域试验结果，淘汰 S26、S125 等一些优株和复选优系，2018 年选定'开园'为经济林新品种，准备进行品种审定。

（二）良种审定

山东省林木良种审定材料向山东省林草品种审定委员会秘书处提交。与申请植物新品种权随时可以提交不同，每年只有山东省自然资源厅发布了《关于做好××××年主要林草品种审定申报工作的通知》，杏良种审定材料才可以提交。准备审定材料时，要仔细阅读通知内容和主要林木品种审定申报要求。《山东省主要林木品种审定申请书》电子版可在山东省自然资源厅（山东省林业局）网站（http://dnr.shandong.gov.cn/）通知公告栏目中下载。

杏作为经济林品种，申报材料主要包括：（1）山东省主要林木品种审定申请书。（2）选育报告。应详述选育品种的亲本来源及特性，选育（引种）研究与分析，区域（引种）试验内容与结果，主要经济指标和优缺点，繁育栽培技术要点，适生条件和适宜种植范围等。（3）特异性、一致性、稳定性报告。品种及无性系须详细描述特异性、一致性、稳定性；获得植物新品种权的，只需提交品种权证书复印件。（4）林木品种特征标准图谱（如根、茎、叶、花、果实、种子的照片）及母树、试验林照片（每个试验点至少一张，并用明显标识区分对照品种与申报品种）。观赏品种的花、果、叶等照片，应连同标准色卡一同拍摄。数量不少于8张，JPG格式，文件名为照片内容。（5）有资质机构出具的申报品种及对照品种品质鉴定材料，例如农业农村部食品质量监督检验测试中心（济南）出具的果实可溶性固形物含量和可滴定酸含量测定结果。

八、通过杂交育种培育的品种

通过杂交育种，从'金太阳×红荷包'杂交组合后代植株中选育出国家植物新品种权授权品种'开园''英华'和'满园'，培育出山东省审定良种'开园''春华'和'立园'，从'凯特×珍珠油杏'杂交组合后代植株中选育出国家植物新品种权授权品种'美华'和'夏华'。

第二节　杏实生选种

一、亲本的选择

同杂交育种一样，育种亲本也是实生选种后代植株优良性状的来源，因此选择好亲本对于实生选种是至关重要的。与杂交育种有明确的父本和母本不同，实生选种的父本是不知道的，仅有母本明确，故不需要人工杂交这一步骤，仅需要在母本结果后获得果实种子。实生选种的育种目标也是培育能充分继承已有品种优良性状、拓展供应期的优质杏。

由于'珍珠油杏''凯特''巴旦水杏''巴旦玉杏'等具有品质优等优良性状，因此选用这几种杏的种子进行赤霉素处理和育种植株培育，实生选种。后期又选择'凯特×珍珠油杏'后代品种'美华'的种子进行赤霉素处理和育种植株培育，实生选种。

二、实生选种的步骤

杏的实生选种也是一个漫长的过程，在此期间要通过调查选择优良的杏作母本、结果后获取其种子、播种育苗、调查种苗植株生长和结果情况、筛选优株、培育优系、进行区域试验、调查杏优系特征性状和经济性状等工作，然后基于试验结果确定新品系，邀请或者由相关部门组织专家进行现场审查，根据相关部门要求整理试验材料，向国家林业和草原局提交植物新品种权申请，向山东省自然资源厅提交山东省良种审定申请，向国家林业和草原局提交国家良种审定申请。

在母本结果获得果实种子后，实生选种的步骤和杂交育种是一样的，可参考杂交育种的步骤进行。

三、通过实生选种选育的品种

通过实生选种,从'珍珠油杏'实生后代植株中选育出国家植物新品种权授权品种'国华',从'巴旦玉杏'实生后代植株中选育出国家植物新品种权授权品种'玉华'。

第三节　杏育种方法的改进

由于果树是多年生植物,与农作物育种相比,果树育种过程漫长。因此,在果树育种过程中应该尽量改进育种方法,加快育种进程。基于目前的研究结果,下面给出一些进一步改进的育种方法。

1. 育种优株双选法

就是在过去基于母本植株筛选优株的育种优株单选法基础上,育种优株双选法基于母本植株和嫁接植株筛选优株,其具体步骤是:亲本植株结果当年获得种子后,尽快用赤霉素处理种子,当年播种育苗,翌年春季发芽前,对种苗平茬,剪下的枝条作接穗,嫁接到前一年预先定植的砧木上培育嫁接植株,待结果后,利用平茬植株和嫁接植株筛选育种优株。由于增加了嫁接植株作为筛选依据,嫁接植株比平茬植株在育种开始的第三年有更多的植株提早结果,育种优株双选法可提高育种优株筛选的可靠性,加快育种进程。

2. 利用大棚杏提早播种法

由于冬暖式塑膜大棚中栽培的杏最早可在4月中下旬上市。因此,有条件的话,可在冬暖式塑膜大棚或者日光温室中进行杏杂交,提早获得杏果实种子,用赤霉素处理种子,提早播种育苗,增加种苗生长发育期,理论上可增加30~40d生长发育期[6]。例如,前述'金太阳×红荷包''凯特×珍珠油杏''凯特×巴旦水杏'和'巴旦玉杏×凯特'4个杂交组合的种子是在6月11—25日期间播种的[1],如果利用冬暖式塑膜大棚培育杂交杏果实,在5月上旬获得杂交种子提早进行赤霉素处理和播种育苗,就可以增加约40d的生长发育期[6]。

3. 利用早熟杏提早播种法

由于我们培育的极早熟杏品种'开园'和'春华'成熟期早[9-11],以'开园'或'春华'作母本进行杂交,也可以提早获得杏果实种子,用赤霉素处理种子,提早播种育苗,增加种苗生长发育期。例如,前述'金太阳×红荷包''凯特×珍珠油杏''凯特×巴旦水杏'和'巴旦玉杏×凯特'4个杂交组合的种子是在6月11—25日期间播种的[1],如果利用'开园'和'春华'成熟期早的特性,在5月中旬获得杂交种子提早进行赤霉素处理和播种育苗,就可以增加约30d的生长发育期。

参考文献

[1]苑克俊,王长君,王培久,等.杏采后当年播种培育育种植株技术研究.天津农业科学,2014,20(11):88-92.

［2］赵红军,刘庆忠.特早熟杏种子直播育苗技术研究.落叶果树,2000(6):7-8.

［3］赵红军,刘鹏,刘庆忠.特早熟杏红荷包种子直播育苗技术研究.落叶果树,2001(6):8-9.

［4］赵习平.极早熟杏种子处理方法的比较研究.河北农业科学,2006,10(2):114-115.

［5］赵习平,刘铁铮,武晓红.极早熟杏种子适宜处理方法研究.山西农业科学,2013(12):1327-1329.

［6］苑克俊,王长君,王培久,等.赤霉素处理日光温室杏种子对加速育苗进程的效果研究.山东农业科学,2013,45(10):76-78.

［7］苑克俊,牛庆霖,王培久,等.赤霉素处理杏种子当年播种育苗方法的改进.天津农林科技,2015(5):3-5.

［8］苑克俊,牛庆霖,秦志华,等.早熟杏新品种'英华'.园艺学报,2022,49(s2):27-28.

［9］苑克俊,牛庆霖,王培久.特早熟杏'开园'的培育和栽培管理技术.烟台果树,2017(3):18-19.

［10］苑克俊,石一川,牛庆霖,等.逆境下9个极早熟、早熟杏品种性状的调查与分析.落叶果树,2023,55(2):14-16

［11］苑克俊,王培久,李圣龙,等.极早熟杏新品种'春华'.园艺学报,2019,46(s2):2745-2746.

第三章
杏新品种特性及其利用

新品种包括植物新品种权授权品种和审定良种。植物新品种权授权品种注重品种性状的特异性、一致性和稳定性，在一个地点完成试验即可申请授权。审定良种在满足品种性状的特异性、一致性和稳定性基础上，还需要在3个或3个以上的不同区域进行区域试验。其中，省级审定品种需要在3个或3个以上的县级行政区域进行区域试验，国家级审定品种需要在3个或3个以上的省级行政区域进行区域试验。审定良种可以在生产上推广应用，植物新品种权授权品种的知识产权受到保护，要在生产上推广应用，需要先完成审定。

从英文单词来看，植物新品种权授权的品种英文是variety，就是不同于已有植物的一个变种；生产上的品种英文是cultivar，是栽培cultivation和变种variety的缩写组合词，是栽培变种的意思，表明已经栽培应用，从这个意义上讲，良种的英文用cultivar是合适的，有时也可翻译为elite cultivar。

通过开展杏育种工作，我们获得植物新品种权授权品种有'开园''满园''英华''国华''玉华''夏华'和'美华'，获得山东省审定良种的有'开园''春华'和'立园'[1-10]。本章将介绍这些品种的特征特性及其利用，包括品种图片和用于品种识别的分子特征图谱[11]。按照成熟期顺序，首先介绍果实发育期在60d以内的两个极早熟品种'开园'和'春华'，其后依次是早熟品种'满园''立园'和'英华'，中早熟品种'国华'和'玉华'，中熟品种'夏华'和晚熟品种'美华'。

第一节 杏极早熟品种

一、开园

培育单位：山东省果树研究所

植物新品种权授权品种培育人：苑克俊，王长君，牛庆霖，王培久

审定良种选育人：苑克俊，李圣龙，牛庆霖，葛福荣，孟晓烨，黄剑，王培久

选育过程 '开园'育种过程中的亲本选择、杂交处理、初选、复选、决选、品种审查、区域试验、良种审定等步骤在第二章杂交育种部分已详细介绍，不再重述。'开园'2018年通过山东省林木品种委员会的审定，同年11月获得良种证书；2018年通过国家植物新品种办公室组织的现场审查，同年12月获得植物新品种授权证书。

需要进一步说明的是，2017年春季在肥城市定植的'开园'杏树，2020年已形成

生产示范园，山东省自然资源厅组织专家验收，4年生树亩产量达到1 255.3kg。

品种特征特性　按照国家标准GB/T 30362—2013《植物新品种特异性、一致性、稳定性测试指南　杏》调查，植株生长势强，树姿开张（图3-1），成枝能力35%，花芽主要在花束状结果枝和一年生枝上，一年生枝阳面红褐色；叶片长度9.77cm，宽度6.38cm，长度/宽度1.53，叶色深，叶基钝圆形，叶片尖端夹角锐角，叶尖长，叶缘圆锯齿，叶缘起伏中，叶柄长度4.38cm，叶片长度/叶柄长度2.23，叶柄蜜腺数2~3个；初花期中（2016年3月18日），花瓣单瓣，花径3.49cm，花瓣下部白色。单果重57.4g，果实卵圆形，纵径5.15cm，侧径4.53cm，横径4.41cm，纵径/横径1.17，侧径/横径1.03，果实对称，缝合线深浅为中，梗洼深，果顶尖圆，有果顶尖，果面光滑，果皮有茸毛，光泽中；果实底色橙黄，果实着色面积小，着色类型红，着色浅，着色样式斑点；果肉颜色橙黄，质地细腻，纤维少，果实硬度软，果实重量/果核重量中，香气中，汁液多，可溶性固形物含量13.0%，离核；果核卵圆形，核仁苦，鲜核仁重0.57g，核仁饱满程度70%。果实成熟期很早。

图3-1　'开园'

（A.结果树；B.果实；C.'开园'杏成熟时对照'金太阳'的果实；D.果实纵剖面；E.种子；F.种仁；G.定植后第二年开花树；H.花；I.叶片）

主要特点　果实成熟期极早，风味好；平均单果重57.4g，果皮底色黄，果面着色少；果肉黄色，离核；果实发育期53d左右，泰安地区5月中旬成熟，较生产上的主栽品种对照'金太阳'提早12~15d，具有上市早、价格高的市场竞争优势。株行距1.0m×3.0m高密栽植丰产树亩产量达到1 465.1kg，市场价格5~10元/500g；花期遇到低温等不利气候条件影响时，产量降低。

栽培技术要点

建园选地：适合山东省中南部及相似气候条件地区栽培。最好选择山岭地背风向阳的地块栽植，注意不要选择四周是大山的地势低洼地块，在这样的地块栽植体现不出其果实成熟期极早的优势。

栽植：露地栽培可采用宽行密株，株行距（1.0~2.5）m×（3.0~4.5）m，注意配置授粉树，'美华'和'立园'可作为'开园'的授粉树。因杏树不耐涝，最好起垄栽植，垄宽1.0~1.5m，垄高0.2~0.3m；不采用滴灌时，可采用覆盖园艺地布保湿，高垄畦田栽植，垄宽0.8~1.2m，垄高0.25~0.35m，顺行的垄两侧略高，行内植株附近比垄两侧低3~6cm，顺行的长垄两端与两侧同高。这样遇到小雨时可收集雨水利用，也可以浇水灌溉，遇到大雨时雨水可排到行间，由行间排走大雨雨水，避免涝害。可采用成苗和半成苗定植，半成苗定植时注意树立一个固定竹竿（木杆）绑缚。

整形修剪与花果管理：树形可采用疏散分层形和开心形。因幼树果实明显小于改接大树果实，幼树应采取措施增加枝叶量，以培养树形为主。'开园'杏树姿开张，及时疏除下垂枝和过密枝，对背上直立旺长新梢及时疏除或扭枝，夏季实施摘心和拉枝，改善通风透光条件。有条件时花期放蜂授粉，坐果较多时注意疏果。

土肥水管理：杏树生长期间及时中耕、除草、疏松土壤。定植时施牛粪等基肥，幼树在发芽前株施有机肥和0.25kg缓释复合肥，成龄大树根据结果多少株施0.50~0.75kg缓释复合肥，有机肥每年或者至少隔年施用一次；发芽前和果实膨大期注意浇水灌溉。因杏树怕涝，应设置排水沟，出现积水时及时排涝。特别强调一下杏树防涝，郓城县玉皇庙镇一个村的杏树，2021年绝大多数因为涝害死亡；一些新品种杏园，也因为涝害出现杏树死亡。

病虫害防治：幼果在花生粒大小时及时喷施1遍4.5%高效氯氰菊酯1 500倍液、20%啶虫脒1 600倍液、5%阿维菌素4 000倍液和70%甲基硫菌灵800倍液的混合液防治杏仁蜂、一点叶蝉等病虫害，特别要注意，这次喷药时全树包括主干、主枝枝干都要喷到；发现介壳虫时可在春季发芽前用矿物油99%乳油100倍液、可立施50%分散粒剂3 000倍液喷枝干防治[1, 12]。春季发芽前，大树主干注意涂石硫合剂保护。

果园清园：每年落叶后到发芽前，对果园内落叶彻底清扫，结合冬、春季修剪，剪除病虫枝、果、卵块，清除枯枝落叶，刮除树干老翘裂皮，集中销毁或移出果园；夏季果实成熟期，将带有杏仁蜂等蛀果类害虫的果实清除出果园。

附图

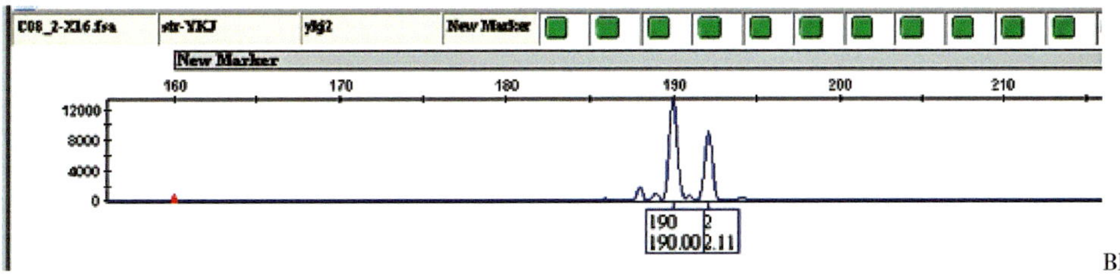

BPPCT 002

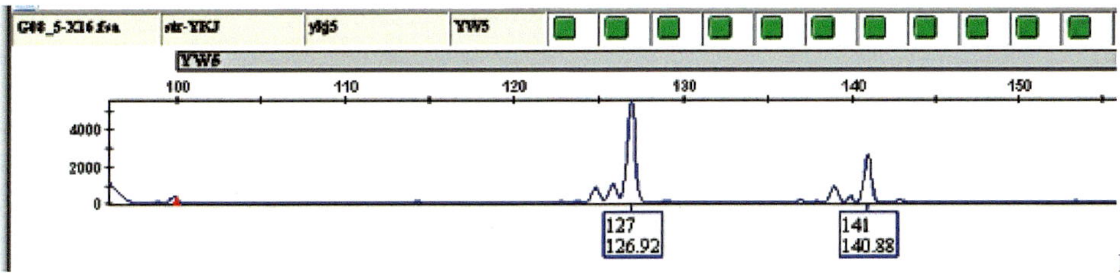

BPPCT 038

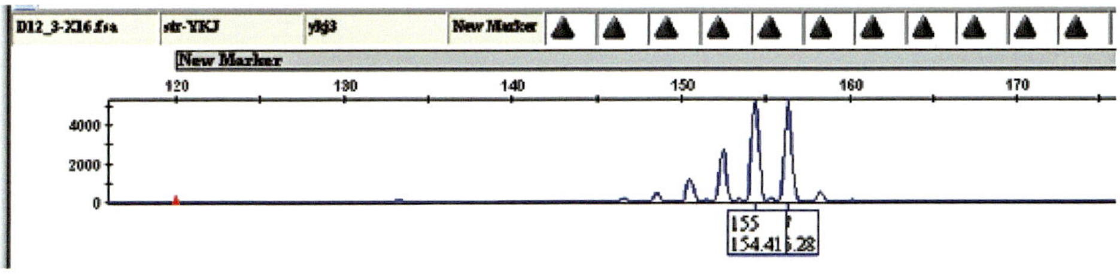

BPPCT 039

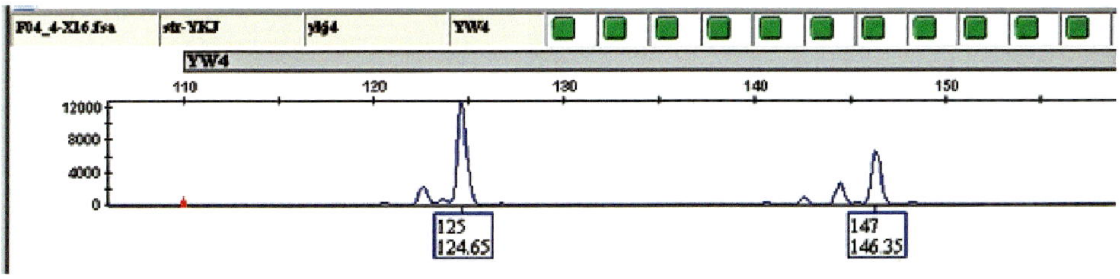

BPPCT 040

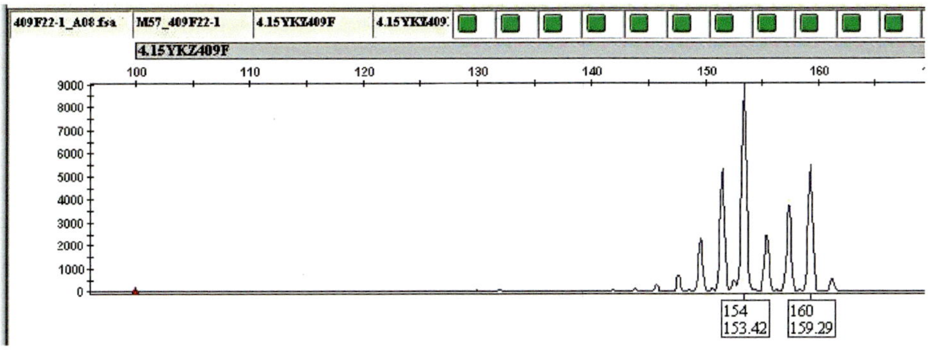

UDP98-409

附图 '开园'不同标记的分子图谱

二、春华

培育单位：山东省果树研究所

审定良种选育人：苑克俊，葛福荣，孟晓烨，李圣龙，牛庆霖，黄剑，王培久

选育过程 '春华'杏是以'金太阳'为母本、'红荷包'为父本通过有性杂交选育出的极早熟新品种（图3-2），编号125；2011年杂交获得种子，用赤霉素处理种子后播种，当年获得杂种苗；2014年125号单株首次开花，2015年结果，果实成熟期极早，初选为优株并嫁接繁殖；2016年通过大树高接和栽植半成苗进行区域试验，在山东省泰安市泰山区、肥城市等多地表现比'金太阳'早熟10~15d[3]。2018年专家现场测产，7年生高接树在株行距1.0m×3.0m高密栽植模式下，亩产量达1 567.5kg[3]。2018年11月通过山东省林木品种审定委员会良种审定。

品种特征特性 按照国家标准GB/T 30362—2013调查，植株生长势强，树姿开张（图3-2），成枝能力29%，花芽主要在花束状结果枝和一年生枝上；叶片长9.21cm，宽6.65cm，叶色中绿，叶基钝圆形，叶片尖端夹角锐角，叶缘圆锯齿，叶柄

图3-2 '春华'

（A.结果状况；B.果实；C.果实纵剖面；D.种子；E.种仁；F.栽植第二年开花树；G.花；H.幼树谢花比'开园'早；I.幼树展叶比'开园'早）

长4.71cm，叶柄蜜腺数2~3个；初花期3月中旬，花瓣单瓣，花径3.51cm，花瓣下部白色；果实平均单果重59.6g，对称，卵圆形，纵径5.57cm，侧径4.79cm，横径4.56cm，缝合线浅，梗洼浅，果顶尖圆，有果顶尖，果皮有茸毛；果实底色黄，着色面积小，着红色斑点或片状。果肉黄色，质地细腻，纤维少，果实软，香气浓，汁液少，可溶性固形物含量12.5%，半离核；果核卵圆形，核仁苦，鲜核仁重0.66g，核仁80%饱满[3]。果实成熟期很早。

在山东省果树研究所万吉山试验基地一般年份在5月15日左右果实成熟，果实发育期约55d[3]。

主要特点 '春华'果实卵圆形，平均单果重59.6g，底色黄色，阳面有红晕；果肉黄色，酸甜可口，可溶性固形物含量12.5%，核仁苦；果实成熟期极早，在山东泰安5月中旬成熟，发育期约55d，高密栽植树亩产量达到1 567.5kg。

与'开园'相比，'春华'花期早，谢花早，萌芽早，展叶早，枝条生长量大。

栽培技术要点 可参考前述'开园'的栽培技术，注意它比'开园'的枝条生长势强，更适合瘠薄的山地栽植。'春华'适合山东省中南部及相似气候条件地区栽培。

附图

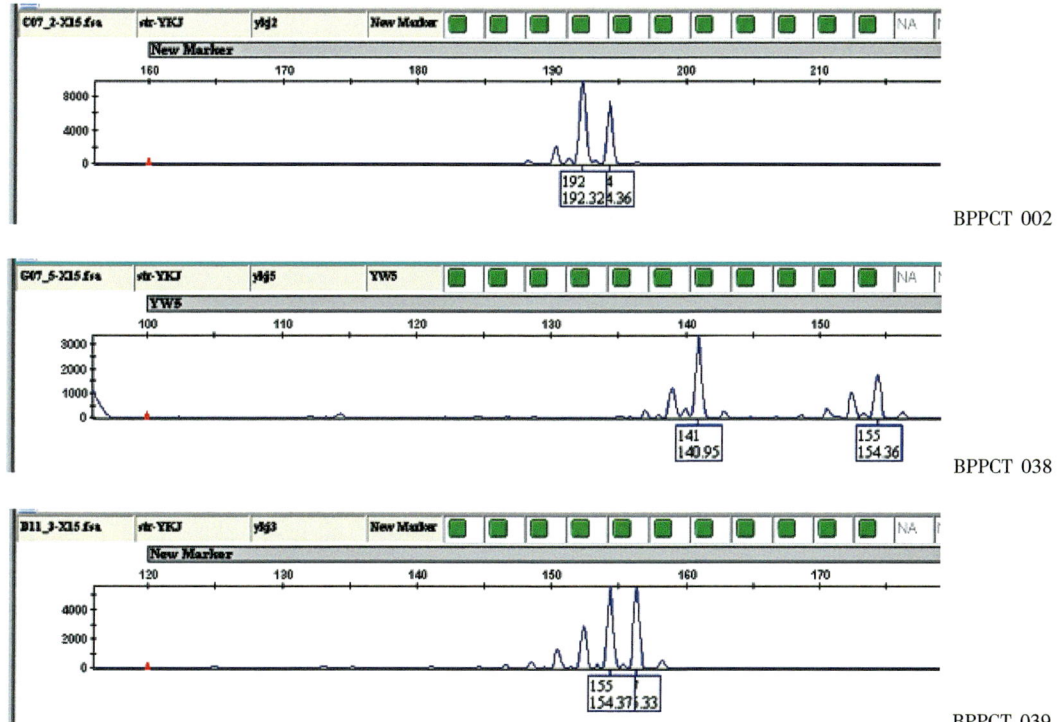

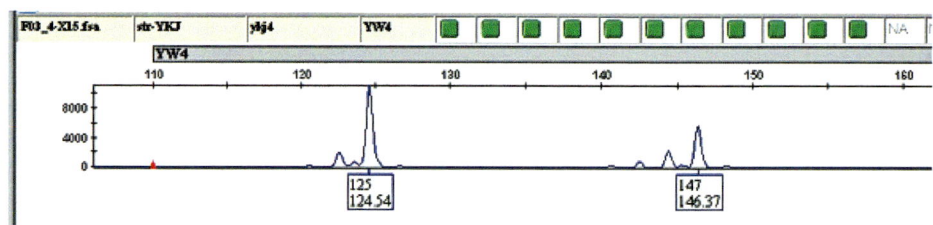

BPPCT 040

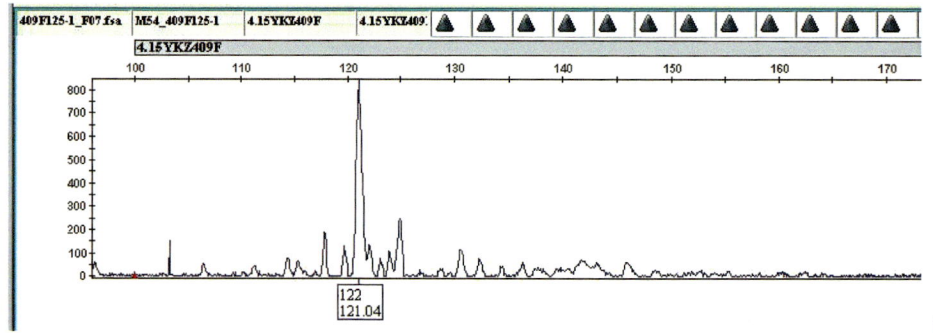

UDP98-409

附图 '春华'不同标记的分子图谱

第二节　杏早熟品种

一、满园

培育单位：山东省果树研究所

植物新品种权授权品种培育人：苑克俊，王培久，葛福荣，牛庆霖

选育过程　'满园'是以'金太阳'为母本、'红荷包'为父本通过杂交培育出的早熟杏，试验编号158号；2011年春季杂交，夏季采果后取种子，冬季放湿沙中4℃冷藏处理后，2012年2月室内播种育苗，3月移栽田间培育[13]。2013年春季移栽定植。2015—2016年结果后确定为优株。2017年后经大树高接品种测试试验后确定为优系，2017—2021年同步在泰安泰山区、肥城市等多地进行区域试验。

大树高接品种测试试验：亩栽200株密植园，2019年高接第3年的8年生树亩产量1 361.0kg，2020年对9年生'满园'成龄树现场实收测产，亩产量2 147.0kg；2021年10年生树亩产量2 378.7kg，8~10年生树3年平均亩产量1 962.2kg。注意，有时受花期低温等不利因素影响，'满园'产量降低。例如，2022年亩产量仅669.9kg。

生产园幼树试验：肥城生产园，2020年专家现场测产验收结果显示，'满园'果实圆形、嫩梢叶片红色等特点突出，品质好，可溶性固形物含量12.3%，4年生树亩产量1 721.6kg。种植者介绍，2021年'满园'幼树进行疏果，亩产量约1 500kg，虽然略低于2020年的亩产量1 721.6kg，但果个大，深受消费者喜爱；另外，种植者反映，有些消费者专要这种杏，2023年产地销售价格达7~12元/500g。

2023年5月国家林业和草原局植物新品种办公室组织现场审查，同年9月'满园'获得国家植物新品种权授权。

品种特征特性　按照国家标准GB/T 30362—2013调查，'满园'植株生长势强（图3-3），树姿开张，成枝能力43.3%，花芽主要在花束状结果枝和一年生枝上，一年生枝阳面红或紫红色；叶片长度10.26cm，宽度9.04cm，长度/宽度1.14，叶色深，叶基钝圆形，叶片尖端夹角中等钝角，叶尖长度中，叶缘尖锯齿，叶缘起伏中，叶柄长度4.71cm，叶片长度/叶柄长度2.18，叶柄蜜腺数2~3个；初花期中，花瓣单瓣，花径3.51cm，花瓣下部白色；单果重94.3g，圆形，纵径5.62cm，侧径5.55cm，横径5.44cm，纵径/横径1.04，侧径/横径1.02，果实对称，缝合线浅，梗洼深，果顶凹，无果顶尖，果面光滑，果皮有茸毛，果皮光泽强；果实底色橙黄，着色面积很小，着色类型红，着色浅，着色样式斑点；果肉颜色橙黄，质地细腻，纤维少，果实硬度2.08kg/cm^2，香气弱，汁液多，可溶性固形物含量12.8%，离核；果核卵圆形，鲜核重3.5g，核仁苦，鲜核仁重0.84g，核仁100%饱满。果实成熟期早。

图3-3　'满园'

（A.结果状况；B.最大单果重；C.果实；D.果实纵剖面；E.种子；F.种仁；G.花；H.叶片；I.树枝嫩梢叶片红色）

主要特点 '满园'果实圆形，橙黄色，果肉橙黄，平均单果重 94.3g，可溶性固形物含量 12.8%。果实发育期 63d 左右。'满园'在山东省果树研究所万吉山试验基地于 5 月 18—24 日成熟，与目前生产上的近似品种'金太阳'相比，其果实成熟期早 6~11d。其主要特点是早熟、果个大、果实圆形、产量较高、单价高、收益高；有时受花期低温等不利因素的影响而导致产量降低。

果实具有发育成大果的潜力，一般亩产量较低时果实个大，最大单果重达 183.5g（图 3-3B）。

栽培技术要点 可参考前述'开园'的栽培技术。'满园'具有发育成大果的潜力，培育大果时要注意疏果。

附图

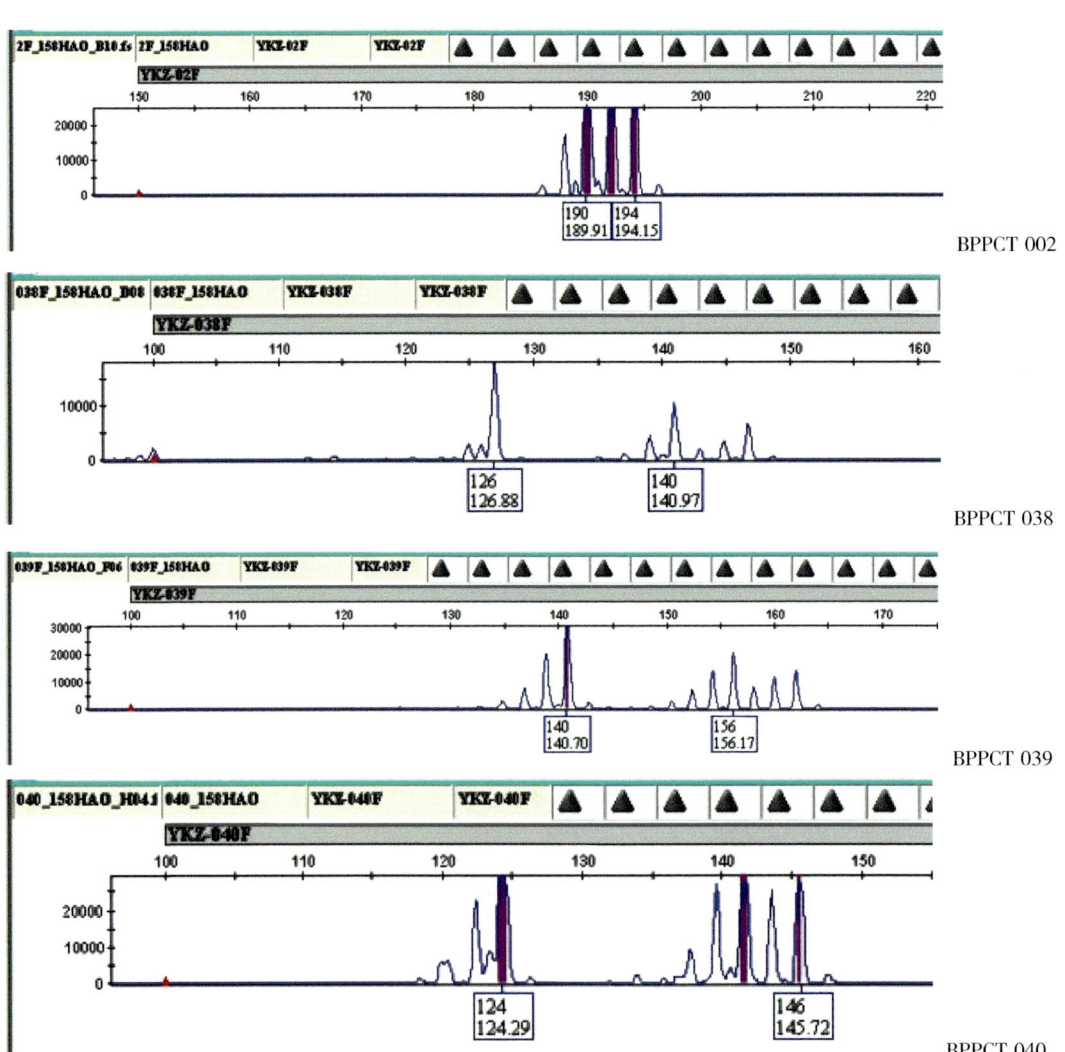

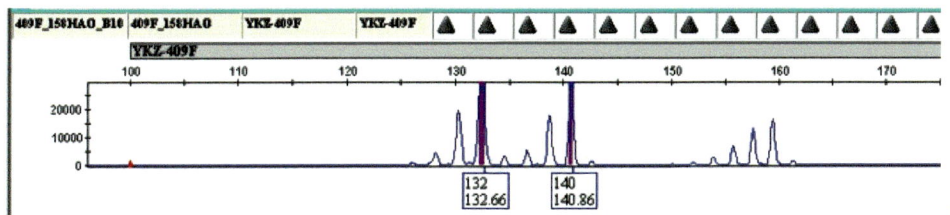

附图 '满园'不同标记的分子图谱

二、立园

培育单位：山东省果树研究所

审定良种选育人：苑克俊，牛庆霖，李圣龙，葛福荣，李国栋，孟晓烨，黄剑，王培久

选育过程 早熟杏'立园'是以'金太阳'为母本，'红荷包'为父本有性杂交后代中选出的早熟新品种，编号129；2011年杂交获得种子，用赤霉素处理种子后播种，当年获得种苗；2015年129号母株首次结果，初选为优株，在山东省果树研究所万吉山试验基地进行芽接半成品苗试验，秋季在济宁进行高接区试；2016年春季在泰安泰山区定植半成品苗植株进行试验，通过大树高接培育优系进行品种测试试验[4]。株行距1.0m×3.0m高密栽植模式下，2018年专家测产亩产量1 658.5kg，2018—2020年3年的平均亩产量1 804.6kg[4]。

2018年11月通过山东省林木品种审定委员会审定定名为'立园'。

品种特征特性 按照国家标准GB/T 30362—2013调查，植株生长势强，树姿开张，成枝能力74%，花芽主要在花束状结果枝和一年生枝上；叶片长8.38cm，宽6.02cm，长/宽比1.39。叶色绿，叶基钝圆形，叶片尖端夹角锐角，叶尖长度短，叶缘尖锯齿，叶缘起伏弱，叶柄长4.43cm，柄蜜腺数2~3个；花瓣单瓣，花径3.69cm，花瓣下部白色；果实平均单果重61.2g，对称，椭圆形（图3-4），纵径5.02cm，侧径4.77cm，横径4.60cm。缝合线浅，梗洼中深，果顶圆凸或平，有小果顶尖，果皮有茸毛；果实底色黄，着色面积小，着红色斑点或片状；果肉橙黄色，质地细腻，纤维少，果实软，香气无，汁液多，可溶性固形物含量12.6%，离核；果核卵圆形，核仁苦，鲜核仁重0.73g，40%饱满[4]。果实成熟期早。

在山东省果树研究所万吉山试验基地3月中旬初花，5月19—24日果实成熟，果实发育期约62 d[4]。

主要特点 '立园'果实椭圆形，平均单果重61.2g，底色为黄色，果肉橙黄，酸甜可口，可溶性固形物含量12.6%；离核，核仁苦；果实成熟期早，在山东泰安5月下旬成熟，发育期约62d，亩产量1 804.6kg，产量较高是其突出特点。

栽培技术要点 可参考前述'开园'的栽培技术。

图3-4 '立园'
(A.果实；B.果实纵剖面；C.种子；D.种仁；E.结果树；F.花)

附图

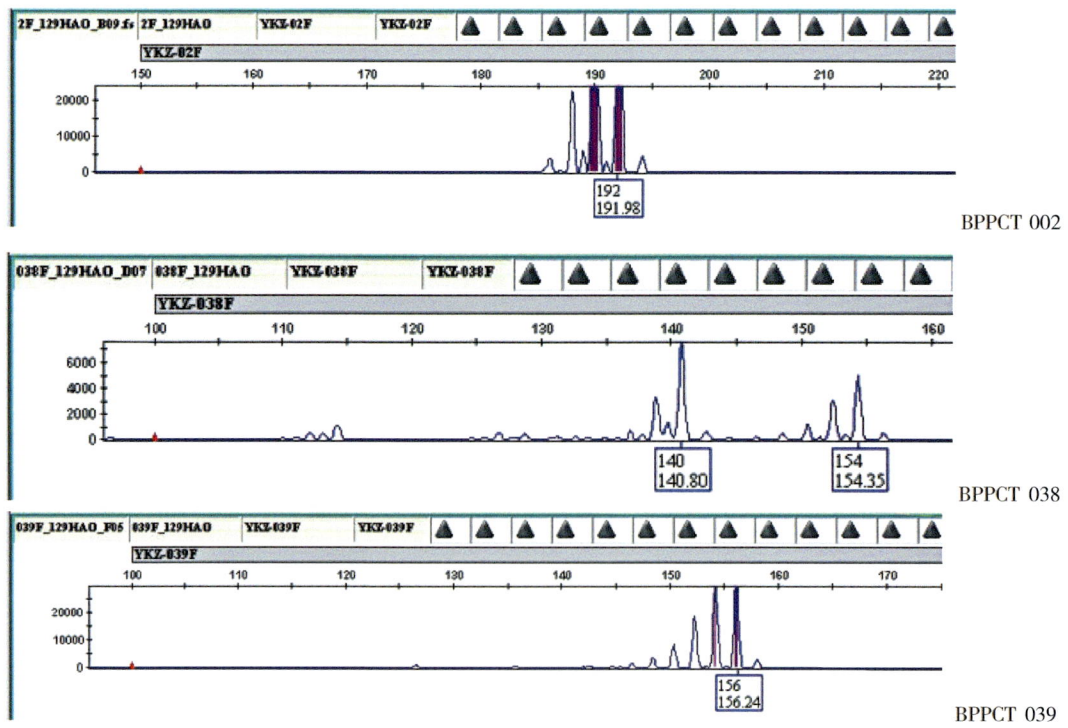

BPPCT 002

BPPCT 038

BPPCT 039

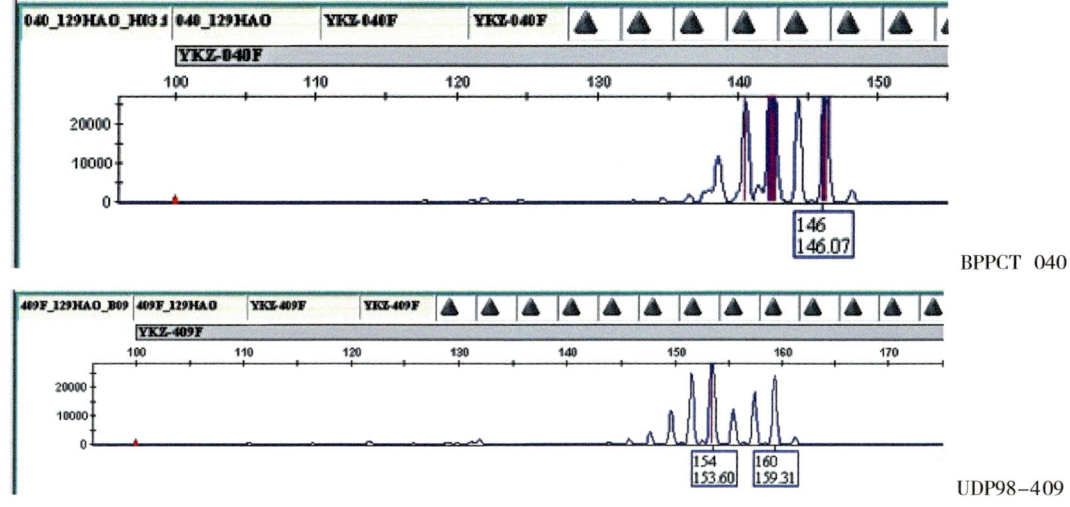

附图 '立园'不同标记的分子图谱

三、英华

培育单位：山东省果树研究所

植物新品种权授权品种培育人：牛庆霖，苑克俊，王长君，王培久

选育过程 '英华'杏是以'金太阳'为母本、'红荷包'为父本通过有性杂交育成的早熟新品种；2011年杂交获得种子，用赤霉素处理种子后播种，当年获得种苗；第2年春季母株平茬，其枝条用作接穗嫁接植株观察；第3年27号母株和嫁接株首次开花结果，初选为优株，繁育苗木；2014年春季在山东省果树研究所万吉山试验基地杏园进行栽培试验，2015—2017年将半成品苗分发定植在泰安市岱岳区、泰山区和肥城市等地进行试验，2016年大树高接培育优系进行品种测试试验[5]。株行距1.0m×3.0m的高密栽植园，2018年专家估产，7年生树亩产量2 295.7kg。2019年实收测产，8年生树亩产量2 411.8kg[5]。多年观察结果表明，'英华'花期抗低温能力强，在不同年间产量稳定。

2018年国家林业和草原局植物新品种办公室组织现场审查，同年12月'英华'获得国家植物新品种权授权。

品种特征特性 按照国家标准GB/T 30362—2013调查，植株生长势强，树姿开张（图3-5），一年生枝阳面红褐色；叶片长度7.91cm，宽度5.97cm，叶色中等绿，叶基钝圆形，叶缘圆锯齿，叶柄长度3.04cm，叶柄蜜腺数2个；初花期3月中旬，花瓣单瓣，花径3.66cm；单果重50.3g，果实卵圆形，果实纵径4.80cm，侧径4.58cm，横径4.20cm，果实不对称，缝合线浅，梗洼深，果顶凸起尖，果面光滑，果皮有茸毛，光泽中；果实底色黄，着色面积小，着色为片状红色；果肉颜色黄，质地细腻，纤维少，口味甜酸，香气无或弱，汁液多，可溶性固形物含量11.8%，离核；核仁苦，鲜核仁重1.15g，核仁饱满[5]。果实成熟期早。

在山东省果树研究所万吉山试验基地不同年份果实 5 月 22—31 日成熟，果实发育期约 67d，比'金太阳'早熟 3~4d[5]。

图 3-5 '英华'
（A. 结果树；B. 果实；C. 果实纵剖面；D. 种子；E. 种仁）

主要特点 '英华'的突出特点是童期短和产量高，花期抗低温能力强，在不同年间产量稳定。实生母株在种子播种 3 年后结果，是最早一批 110 株育种母株中唯一的结果母株[5]。嫁接株早实性强，第 2 年结果。果实卵圆形，平均单果重 50.3g，底色黄，阳面有红晕；果肉黄色，味较酸，可溶性固形物含量 11.8%；离核，核仁苦；果实成熟期早，在山东泰安 5 月下旬成熟，发育期约 67d。成龄树亩产量超过 2 200kg。

鉴于培育该品种的实生母株童期短，3 年结果，该品种可作为育种亲本进一步培育新的短童期品种[5]。

栽培技术要点 露地栽培可参考前述'开园'的栽培技术，注意'英华'每年坐果都较多，要注意疏果；也可在简易塑料薄膜大棚栽培[14]，是否适合冬暖式大棚栽植需要进一步探讨。'英华'适合山东省杏产区及相似气候条件地区栽培。

附图

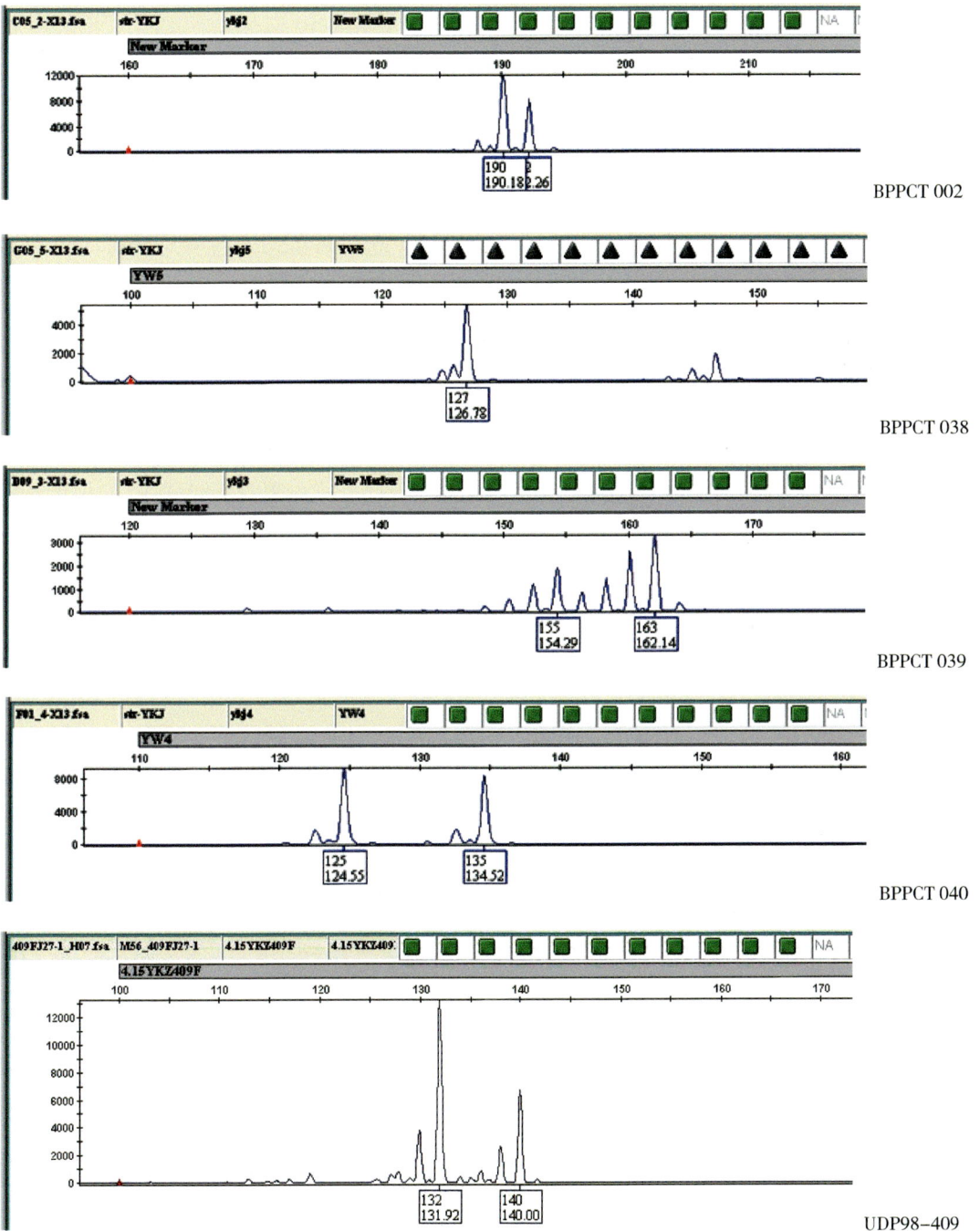

附图 '英华'不同标记的分子图谱

第三节 杏中早熟品种

一、玉华

培育单位：山东省果树研究所

植物新品种权授权品种培育人：苑克俊，王培久，牛庆霖，葛福荣

选育过程 '玉华'杏是播种'巴丹玉杏'种子获得种苗，通过实生选种获得的中早熟新品种（图3-6），编号S39。2011年'巴丹玉杏'果实采收后取种子，然后用赤霉素处理种子，播种后获得实生苗。2015年S39号单株首次开花结果，初选为优株；其突出特点是叶片宽大、叶柄长、果实缝合线长度超过半果；2016年通过大树高接培育优系进行品种测试试验[6]。2018年通过国家林业和草原局植物新品种办公室组织的现场审查，同年12月获得国家林业和草原局的植物新品种权授权。

区域试验：（1）2016年高接树，在株行距1.0m×3.0m高密栽植模式下，2019年实收测产，8年生高接树亩产量1 087.3kg[6]；2020年邀请专家现场测产验收，9年生树亩产量1 756.2kg。（2）幼树，2017年春季在肥城市定植半成品苗区试，2020年调查，4年生树平均株产12.32kg，折合亩产量1 022.3kg，能够早期丰产。

品种特征特性 按照国家标准GB/T 30362—2013调查，植株生长势强，树姿开张，成枝能力50%，花芽主要在花束状结果枝和一年生枝上，一年生枝阳面红褐色；叶片长9.26cm，宽8.74cm，长/宽1.06，叶色深，叶基心形，叶片尖端中等钝角，叶尖长度无或很短，叶缘尖锯齿，叶缘起伏中，叶柄长4.90cm，叶片长/叶柄长1.89，叶柄蜜腺数2~3个；初花期3月中旬，花瓣单瓣，花径3.91cm，花瓣下部白色；单果重73.4g，果实卵圆形，纵径5.69cm，侧径5.40cm，横径4.52cm，纵径/横径1.26，侧径/横径1.19，果实对称，缝合线浅长，梗洼浅，果顶尖圆，有果顶尖，果皮有茸毛；果实底色橙黄，阳面有红晕，着色面积小，着色类型红，着色样式斑点（图3-6）；果肉颜色橙黄，质地细腻，纤维少，果实软，香气弱，汁液多，可溶性固形物含量13.7%，离核；果核卵圆形，核仁苦，鲜核仁重0.94g，核仁80%饱满[6]。成熟期中或早。

在山东省果树研究所万吉山试验基地5月23日至6月2日果实成熟，果实发育期约70d[6]。

主要特点 '玉华'果实卵圆形，缝合线浅长，平均单果重73.4g，底色橙黄色，阳面有红晕；果肉橙黄色，酸甜可口，可溶性固形物含量13.7%；离核，核仁苦；在山东泰安5月下旬或6月上旬果实成熟，发育期约70d，亩产量超过1 000kg。

栽培技术要点 可参考前述的'开园'杏栽培技术。'玉华'适合山东省杏产区及相似气候条件地区栽培。

图 3-6 '玉华'
（A. 结果树；B. 果实；C. 果实纵剖面；D. 种子；E. 种仁）

附图

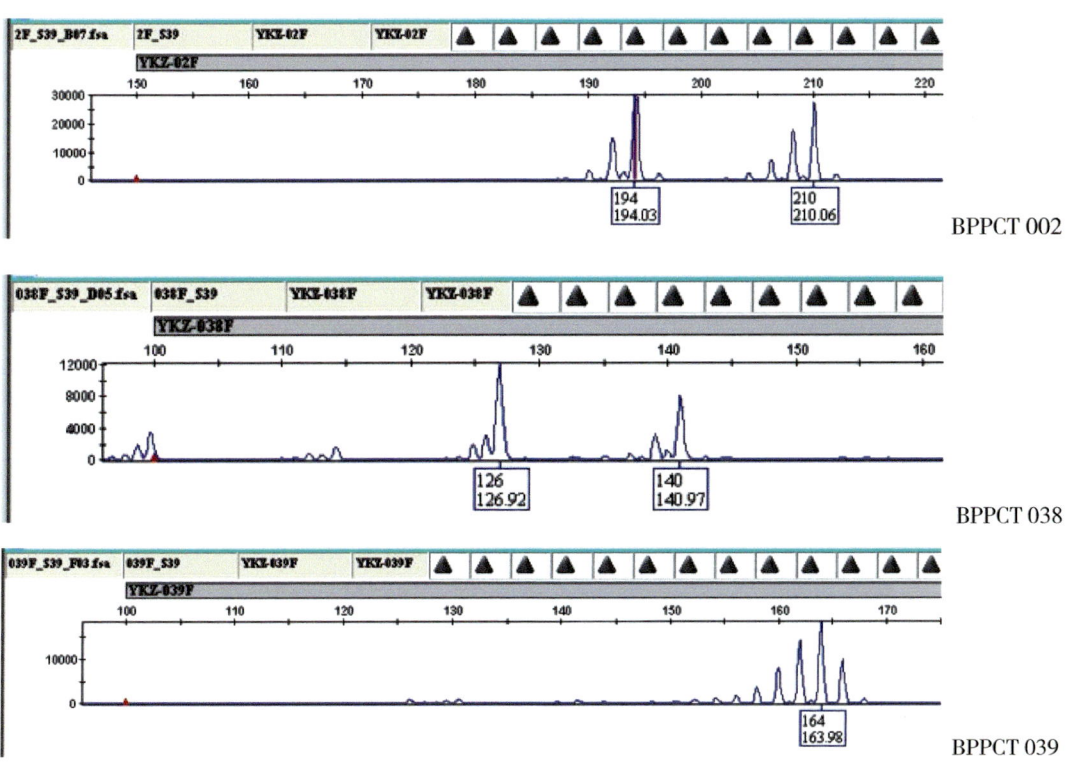

BPPCT 002

BPPCT 038

BPPCT 039

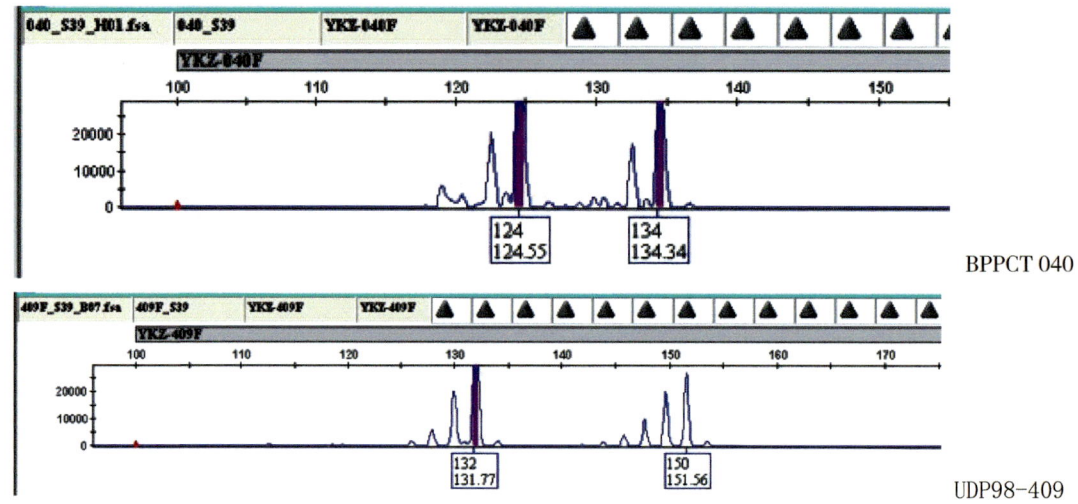

附图 '玉华'不同标记的分子图谱

二、国华

培育单位：山东省果树研究所

植物新品种权授权品种培育人：苑克俊，牛庆霖，王培久

选育过程 '国华'通过实生选种方法获得，试验编号 S120 号；以'珍珠油杏'为母本，于 2011 年采果后取种子，冬季放湿沙中 4℃冷藏处理；2012 年 2 月室内播种育苗，3 月移栽田间培育；2013 年 3 月移栽定植；2015—2016 年结果后确定为优株，2017 年后经大树高接品种测试试验后确定为优系，2017—2021 年在泰安泰山区、肥城市等地进行进一步试验[7]。

母株试验：2015 年母株开花结果，5 月 28 日成熟，1m×2.5m 株行距株产 1.48kg；2016 年 5 月 23 日成熟，株产 7.51kg；2017 年 5 月 23 日成熟，株产 6.17kg。2015 年、2016 年和 2017 年折算亩产量分别为 296.0kg、1 502.0kg 和 1 234.0kg[7]。

大树高接品种试验：2017 年将山东省果树研究所万吉山试验基地高密度栽植的 6 年生树改接'国华'，使用缓释复合肥、适时灌溉、幼果期绿色防控病虫害等技术措施露地栽培，在 2020 年 5 月 25 日左右成熟，早熟、果皮厚等特点突出，品质好；2020 年专家现场测产，亩产量 1 458.9kg；可溶性固形物含量经测定为 15.1%[7]。

简易大棚栽培试验：2017 年将山东省果树研究所万吉山试验基地简易塑料薄膜大棚内的 6 年生树改接、采用前述栽培技术措施栽培的'国华'，在山东泰安 5 月 20 日左右成熟，与露地栽培的杏相比，其果实果个较大、果皮鲜亮等特点突出，'国华'杏适合简易大棚栽培；2019 年、2020 年和 2021 年亩产量分别为 476.3kg、1 126.0kg 和 2 128.1kg[7]。

2023 年 5 月国家林业和草原局植物新品种办公室组织现场审查，同年 9 月'国华'获得国家植物新品种权授权。

品种特征特性 按照国家标准 GB/T 30362—2013 调查，'国华'植株生长势强

（图3-7），树姿开张，成枝能力88%，花芽主要在花束状结果枝和一年生枝上，一年生枝阳面黄褐色；叶片长度7.39cm，宽度6.82cm，长度/宽度1.08，叶色深绿，叶基平圆形，叶片尖端中等钝角，叶尖长度短，叶缘尖锯齿，叶缘起伏中，叶柄长度3.01cm，叶片长度/叶柄长度2.46，叶柄蜜腺数2~4个；3月中旬开花，花瓣单瓣，花径3.84cm，花瓣下部白色；单果重50.2g，果实椭圆形，纵径4.70cm，侧径4.49cm，横径4.31cm，纵径/横径1.10，侧径/横径1.05，果实对称，缝合线浅，梗洼中或深，果顶平，有果顶尖小，果皮有茸毛；果实底色橙黄，着色面积无；果肉颜色橙黄，质地细腻，纤维少，果实硬度软，香气无，汁液多，可溶性固形物含量12.6%，离核；果核椭圆形，核仁甜，鲜核仁重0.80g，核仁饱满程度80%，成熟期中或早[7]。

在山东泰安，'国华'5月25日左右果实成熟，果实发育期70d左右，属中早熟品种。

主要特点 '国华'果实椭圆形（图3-7），橙黄色，果肉橙黄，平均单果重50.2g，可溶性固形物含量12.6%以上，在山东泰安5月下旬成熟，果实发育期70d左右。其突出特点是果实椭圆形、果皮厚、产量较高，高接后第4年亩产量1 400kg以上；在简易塑膜大棚中栽培，果个大，果皮鲜亮，高接后第5年亩产量2 000kg以上。

图3-7 '国华'
（A.结果树；B.果实；C.采后果实；D.果实纵剖面；E.种子；F.种仁）

栽培技术要点 可参考前述的'开园'杏栽培技术。'国华'的坐果率在一般年份都较高，应该注意疏果。'国华'适合山东省杏产区及相似气候条件地区栽培。

初步试验结果表明，'国华'适合大棚栽培。在简易塑膜大棚中栽培，高接后第5年亩产量2 000kg以上，并表现出果个大和果皮鲜亮的特点[7]。目前生产上大棚栽培的杏品种主要是'金太阳'和'凯特',一些露地栽培的杏品种如'珍珠油杏'在大棚栽培中表现出坐果率过低等问题,'国华'为大棚杏栽培提供了新的品种选择。本研究已探讨了简易塑膜大棚栽培,下一步可进行'国华'的冬暖式大棚栽培试验[7]。注意,塑料薄膜简易大棚在花期一定要注意打开通气天窗和通气侧窗,控制好温度。

附图

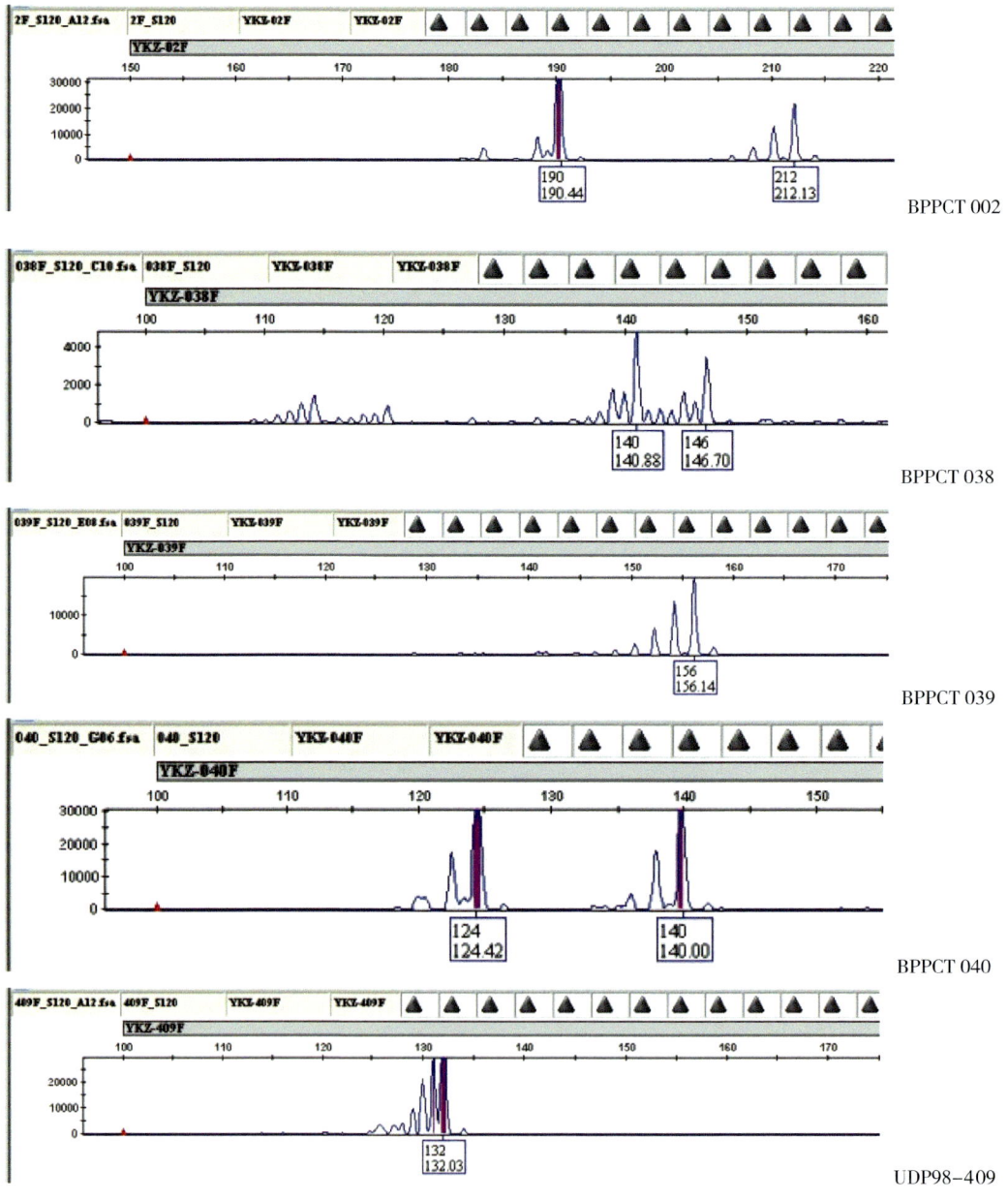

附图 '国华'不同标记的分子图谱

第四节 杏中熟品种

夏华

培育单位：山东省果树研究所

植物新品种权授权品种培育人：苑克俊，王培久，葛福荣，牛庆霖

选育过程 '夏华'杏是以'凯特'为母本、'巴丹水杏'为父本通过有性杂交育成的中熟大果新品种，编号113；2011年杂交获得种子，用赤霉素处理种子后播种，当年获得种苗；2015年结果，113号单株初选为优株；2016年通过大树高接培育优系进行品种测试试验[8]。

'夏华'的突出特点是产量高和果实个大，2018年专家现场测产，株行距1.0m×3.0m高密度栽培果园的亩产量达到2 820.0kg，平均单果重180.6g，最大单果重215.0g[8]。

2018年通过国家林业和草原局植物新品种办公室组织的现场审查，同年12月获得国家林业和草原局的植物新品种权授权。

品种特征特性 按照国家标准GB/T 30362—2013调查，植株生长势强，树姿开张，成枝能力67%，花芽主要在花束状结果枝和一年生枝上，一年生枝阳面黄褐色；叶片长度10.39cm，宽度9.41cm，长度/宽度1.10，叶色中或深，叶基平圆形，叶片尖端夹角中等钝角，叶尖长度短，叶缘尖锯齿，叶缘起伏中，叶柄长度3.98cm，叶片长度/叶柄长度2.61，叶柄蜜腺数1~3个；初花期中，花瓣单瓣，花径4.2cm，花瓣下部颜色白色；单果重172.2g，果实圆形，果实纵径6.62cm，侧径7.03cm，横径6.97cm，纵径/横径0.95，侧径/横径1.01，果实对称，缝合线浅，梗洼深，果顶凹，无果顶尖，果面粗糙，果皮有茸毛（图3-8）；果实底色黄，果实着色面积小，果实着色类型红，果实着色浅，果实着色样式斑点；果肉颜色黄，果肉质地中，果肉纤维中或多，果实硬度软，果实香气中，果实汁液少，可溶性固形物含量13.3%，离核；核仁苦味无或弱，鲜核仁重1.16g，核仁100%饱满[8]。果实成熟期中。

在山东省果树研究所万吉山试验基地最早5月30日成熟（2017年），最晚6月7日成熟（2016年），果实发育期平均约75d[8]。

主要特点 '夏华'果实圆形，果面有小突起，单果重172.2g，底色黄色；果肉黄色，酸甜可口，可溶性固形物含量13.3%；离核，核仁甜；果实在山东省泰安5月底或6月上旬成熟，发育期75d。2018年其平均单果重达到180.6g，当年经中国农业科学院科技文献信息中心查新，'夏华'是国内平均单果重最大的杏。

栽培技术要点 可参考前述的'开园'杏栽培技术，要注意的是'夏华'果实大，干旱时要及时浇水灌溉，满足果实发育需要。'夏华'适合山东省杏产区及相似气候条件地区栽培。

图 3-8 '夏华'
（A. 果实；B. 果实纵剖面；C. 与'凯特'对比；D. 叶片）

附图

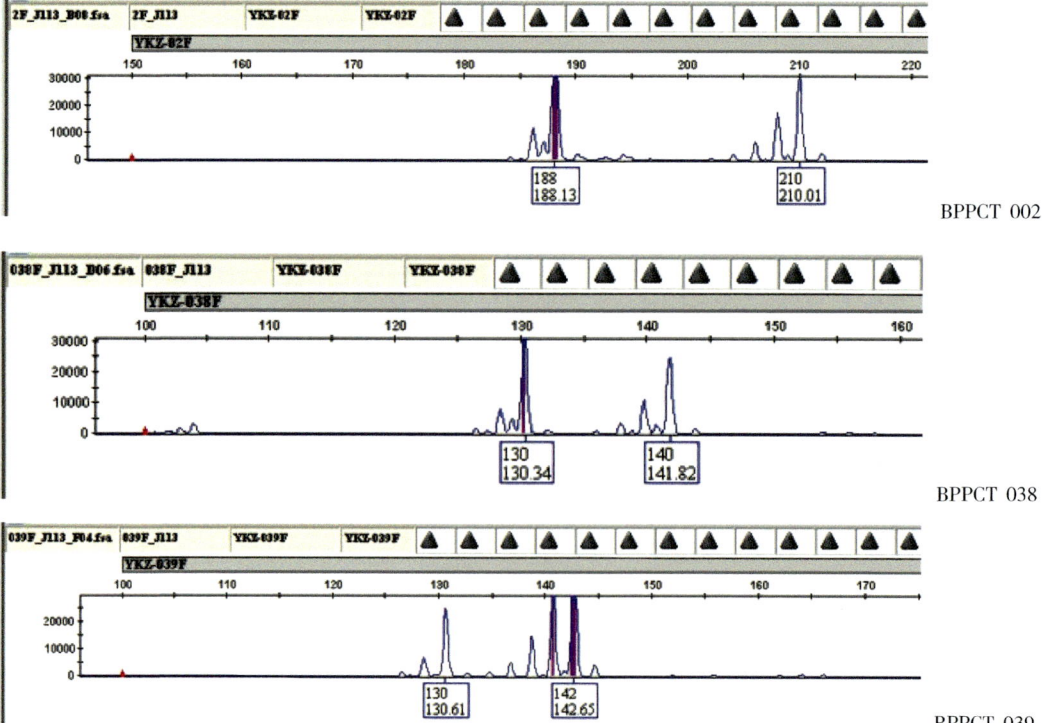

BPPCT 002

BPPCT 038

BPPCT 039

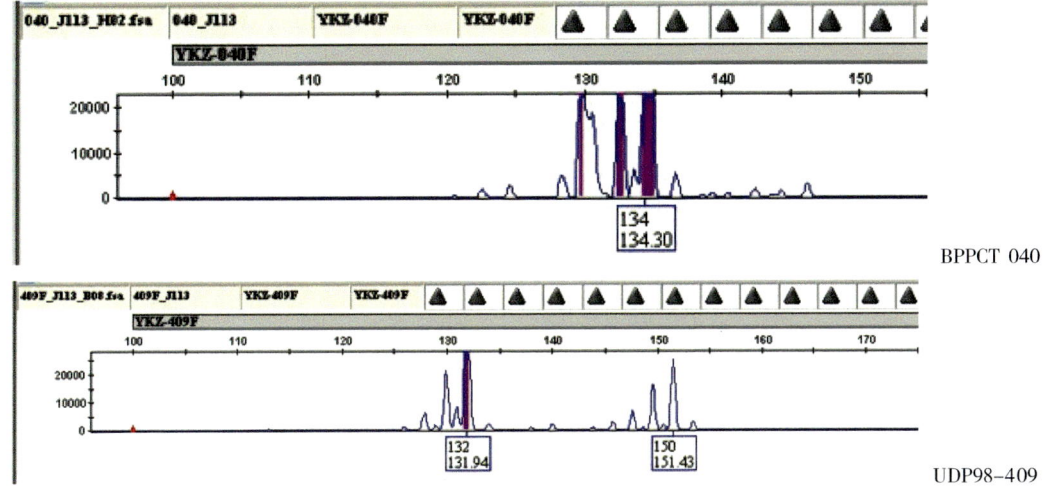

附图 '夏华'不同标记的分子图谱

第五节　杏晚熟品种

美华

培育单位：山东省果树研究所

植物新品种权授权品种培育人：苑克俊，王长君，牛庆霖，王培久

选育过程　'美华'是以'凯特'为母本、'珍珠油杏'为父本杂交培育的杏晚熟新品种，编号J60；2011年春季，以大果、苦仁的'凯特'为母本，以小果、甜仁的'珍珠油杏'为父本杂交，果实成熟后采种，当年夏季用赤霉素处理种子，然后播种；2012年春季母株剪接平茬，剪下的枝条作为接穗嫁接；编号J60号的嫁接树2014年6月7日果实成熟，株产7.1kg，果实椭圆形，可溶性固形物含量15.5%，初选确定为优株；2015年6月17日果实成熟，株产28.2kg，可溶性固形物含量17.3%；2016年6月9日果实成熟，株产28.7kg，可溶性固形物含量15.8%，其果实成熟期较'凯特'分别晚成熟11d、8d、9d，与'珍珠油杏'成熟期相近，复选确定为优系；2014—2021年在日照市莒县，泰安市泰山区、岱岳区、肥城市，济南市历城区等地进行区域试验，2015年开始进行加工制干试验[9]。

进行'美华'区域试验时，莒县3年生树亩产量743.3kg；山东省果树研究所万吉山试验基地3年生树亩产量476.7kg，4~6年生树平均每亩产量1 667.9kg；泰山区叶家庄3年生树亩产量637.1kg，4~6年生树平均每亩产量1 669.5kg；泰安市岱岳区4年生树亩产量1 245.0kg；肥城市3年生树亩产量410.9kg，4~6年生树平均每亩产量2 008.5kg；株行距1m×3m的高密栽植园，2018年、2019年、2020年和2021年成龄树每亩产量分别为2 520.0kg、2 168.0kg、2 550.0kg和2 583.6kg[9]。另外，'美华'是很好的授粉品种，用'美华'给'珍珠油杏''开园'和'春华'授粉，坐果率都明显提高[9]。

2017年6月通过国家林业局植物新品种办公室组织的专家现场审查，2017年10月17日获得国家林业局颁发的植物新品种权证书，定名'美华'[9]。

品种特征特性 按照国家标准GB/T 30362—2013调查，植株生长势强，树姿直立，成枝能力60%，花芽主要在花束状结果枝和一年生枝上，一年生枝阳面褐色；叶片长度10.57cm，宽度8.16cm，长度/宽度1.87，叶色深，叶基钝圆形，叶片尖端夹角锐角，叶尖长度短，叶缘尖锯齿，叶缘起伏中，叶柄长度3.66cm，叶片长度/叶柄长度2.89，叶柄蜜腺数无或1个；初花期中（2016年3月17日），花瓣单瓣，花径3.2~3.8cm，花瓣下部颜色浅粉红；单果重65.6g，果实椭圆形，果实纵径5.18cm，侧径4.82cm，横径4.66cm，纵径/横径1.11，侧径/横径1.03，果实较对称，缝合线浅，梗洼中或深，果顶平，果顶尖无，果面光滑，果皮有茸毛，光泽弱（图3-9）；果实底色淡黄，果实着色面积无或很少，着色浅，着色样式片状；果肉颜色黄，果肉质地中，纤维中，果实硬度软，香气无或弱，汁液中多，可溶性固形物含量16.1%，离核；果核形状卵圆，核仁苦味无或弱，鲜核仁重0.88g，核仁饱满[9]。果实成熟期晚。

'美华'在泰安6月12日左右果实成熟，果实发育期85d，属晚熟品种[9]。

'美华'易成花，栽植后第2年开始开花结果。在山东省泰安地区，'美华'3月中旬开花，3月下旬展叶，11月中旬落叶[9]。

图3-9 '美华'
（A.果实；B.强光下着色果实；C.果实纵剖面；D.种子；E.种仁；F.花；G.高产树）

主要特点 '美华'平均单果重65.6g，果实椭圆形，果面光滑，淡黄色；果肉黄色，可溶性固形物含量16.1%；仁苦味无或弱；适合制干，杏干肉厚，口感好。果实成熟期晚，果实发育期85d。4~6年生树平均每亩产量超过1 600kg，高密栽植园成龄树平均每亩产量超过2 000kg。'美华'作为'珍珠油杏''开园'和'春华'的授粉品种，坐果率可提高 10 个百分点以上。

与近似品种'凯特'比较，'美华'树姿直立，果实果面光滑，核仁苦味无或弱，果实成熟期晚。与一般杏品种相比，'美华'果实淡黄色，可溶性固形物含量高，适合制干，尽管制干比不太理想，但是杏干肉厚，口感好，因为亩产量高，每亩地制干产量高。

栽培技术要点　可参考前述的'开园'杏栽培技术，要注意的是花果管理，'美华'坐果率高，每年需要疏果，否则果实小，容易大小年结果。另外，'美华'果实成熟期晚，发育时间长，干旱时要及时浇水灌溉，但成熟前 15d 不要浇水，防止裂果。'美华'可与'开园''春华''珍珠油杏'混合栽植，作为这些品种的授粉树。'美华'适合山东省杏产区及相似气候条件地区栽培。

附图

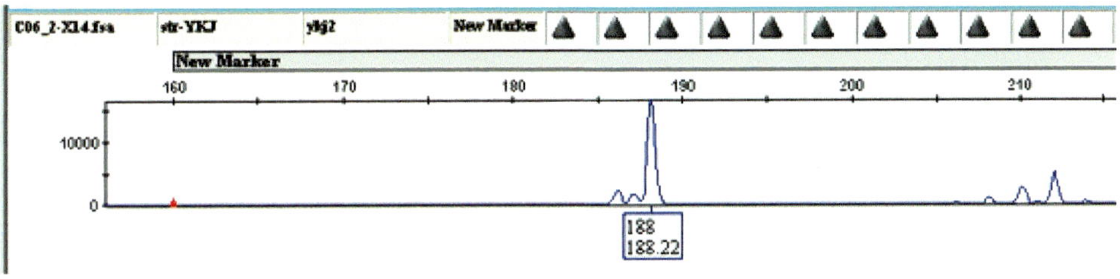

BPPCT 002

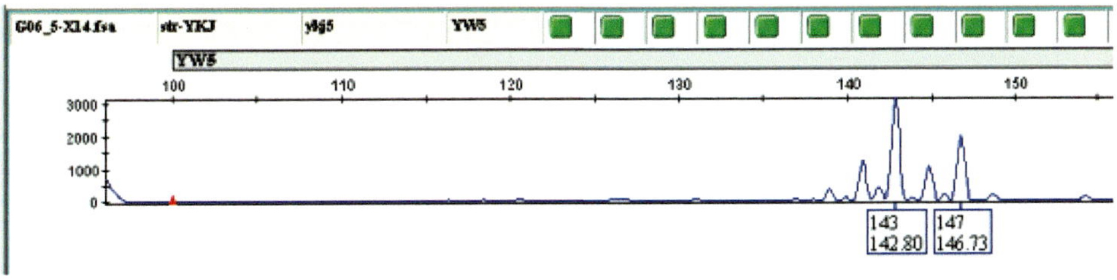

BPPCT 038

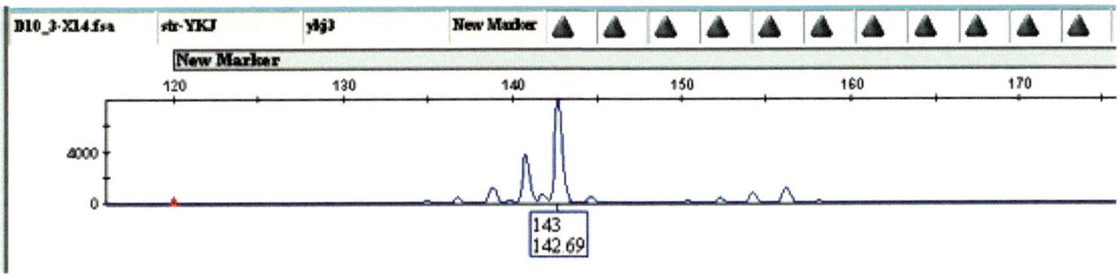

BPPCT 039

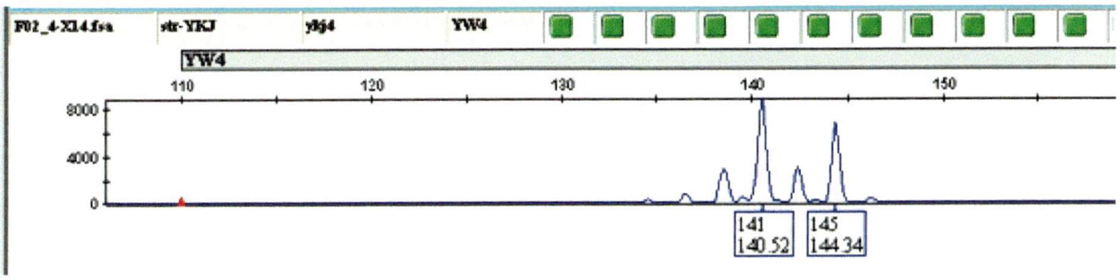

BPPCT 040

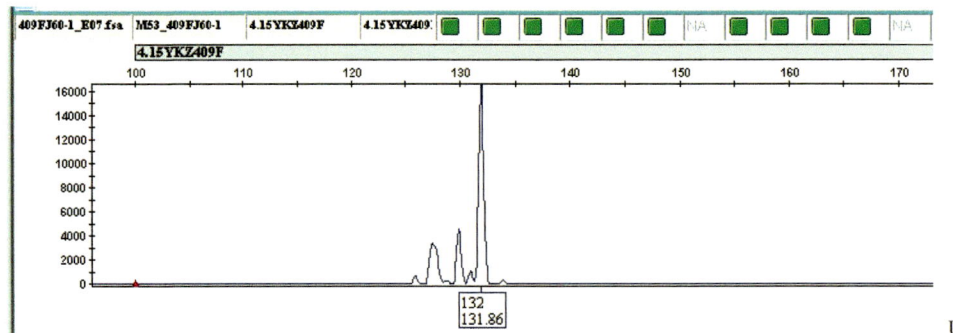

附图 '美华'不同标记的分子图谱

制干试验 '美华'杏因为产量高、可溶性固形物含量高、价格低适合作为制干原料,是适宜制干的品种之一(表3-1),研究其制干方法,可为杏产业发展和拉伸产业链提供品种和技术支持。试验结果表明,短时间蒸汽处理对制干是有利的。与一般采用的熏硫预处理可能残留硫相比,短时间蒸汽处理方法无残留硫问题[10]。

表 3-1 '美华'杏制干试验结果[10]

处理	果实状态	杏重量(g)	鲜杏/杏干比	单果杏干重(g)	年份
蒸汽处理 2.5min 后晒干	鲜杏	2 440			2022
	杏干	525.85	4.64/1	11.69	
蒸汽处理 2.5min 后烘干	鲜杏	775			2022
	杏干	171.21	4.53/1	11.42	
自然晒干(对照)	鲜杏	750			2022
	杏干	146.70	5.11/1	9.78	
蒸汽处理 2.5min 后晒干	鲜杏	1 985			2018
	杏干	320.60	6.19/1	10.16	
自然晒干(对照)	鲜杏	1 900			2018
	杏干	266.40	7.13/1	8.16	

制干方法:杏果采收后,首先称重,清洗,切分去核,得到杏碗,然后将两半杏碗分开,碗口朝上,蒸汽处理 2.5min,自然晒干,最后室内晾干;或者两半杏碗分开,碗口朝上,蒸汽处理 2.5min,放烤箱中层 60℃烘干处理,最后室内晾干[10]。

2018年,冷藏的'美华'杏短时间蒸汽处理 2.5min 后自然晒干,单果杏干重 10.6g,较大;不进行蒸汽处理而直接自然晒干,单果杏干重 8.16g。说明蒸汽处理 2.5min 对制干是有益的,蒸汽处理后晒干比直接自然晒干处理损耗小[10]。2022年,'美华'杏短时间蒸汽处理 2.5min 后自然晒干,单果杏干重 11.69g,较大;不进行蒸汽处理而直接自然晒干,单果杏干重 9.78g。进一步说明蒸汽处理 2.5min 对制干是有益的,蒸汽处理后晒干比直接自然晒干处理损耗小[10]。

如图 3-10 所示,蒸汽处理后烘干第 2 天基本达到蒸汽处理后自然晒干第 4 天的制干效果，蒸汽处理后烘干比蒸汽处理后自然晒干的制干时间缩短 2d，这说明蒸汽处理后烘干方法的优势是缩短制干时间[10]。短时间蒸汽处理后 60℃烘干比短时间蒸汽处理后自然晒干可显著缩短制干时间，短时间蒸汽处理后 60℃烘干是'美华'杏适宜的制干方法[10]。

'美华'杏制干后还可获得副产品杏核和杏仁（图 3-11），可进一步拉长产业链、增加效益[10]。

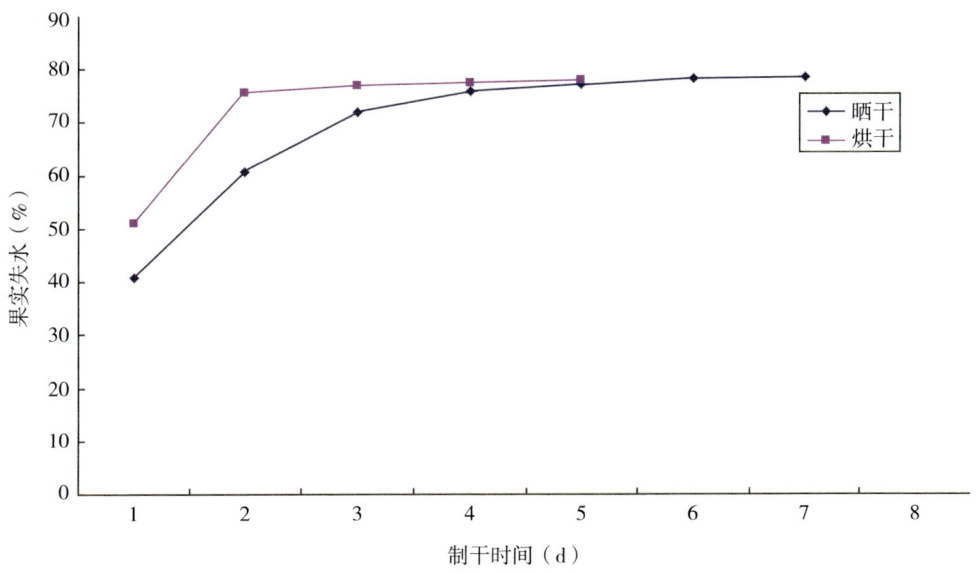

图 3-10　两种制干方法的制干时间比较
（引自文献[10]）

图 3-11　'美华'杏制干
（A. 果实；B. 杏晒干及种子）

第六节 利用杏新品种特性进行品种编组栽植

一、发展早熟品种时的品种编组

'开园'和'春华'两个极早熟品种，较生产主栽品种'金太阳'提早10~15d成熟，填补市场供应空窗期约一周，是非常适合发展的特色水果。推荐'开园'和'春华'在城市周边发展，就近供应市场；在远离城市的乡镇，则推荐一个乡镇在一个村发展。注意，在城市周边发展时要避开城市扩建区，我们在泰安市城西大陡村、城东叶家庄以及济宁市李营镇的杏新品种试验，都因为城市建设而被迫停止。最初在山东省果树研究所万吉山试验基地环山路以南的育种亲本树，也因为城市建设而损失。

发展'开园'和'春华'遇到的一个问题是，这两个品种的自花或自然授粉坐果率低（表3-2），因此需要配置授粉品种。从表3-2可看出，'美华'可以作为'开园'和'春华'的授粉品种提高坐果率。肥城生产示范园的调查结果证实了这个结论。在肥城生产示范园，紧邻一行'美华'树的'开园'树比其他行'开园'树的坐果率明显高。

表3-2 '开园'和'春华'人工授粉后的坐果率

试验品种	授粉品种	品种授粉坐果率（%）	自花或自然授粉坐果率（%）
开园	美华	28.4	14.0
春华	美华	39.6	16.2
春华	立园	31.5	16.2
春华	金太阳	25.8	16.2

发展'开园'和'春华'遇到的第二个问题是，'开园'产量受不同年间的环境影响较大，产量在不同年间不稳定。鉴于山东省果树研究所万吉山试验基地高密栽植园'春华'树产量较高并且在不同年间相对较稳定（表3-3），因此，以'春华'作为主要发展品种较好。考虑到'开园'成熟最早并且人们普遍反映其口感好，利用'开园'成熟期最早的特性可进行先期宣传和开拓市场，'开园'可适量发展。另外，'立园'能够给'春华'授粉、产量较高，能够接续'春华'供应市场，也可作为主要早熟品种发展。

综合考虑授粉、产量和接续供应市场问题，并注意到山东省果树研究所万吉山试验基地'春华'产量较高的试验树邻近行主要是中早熟品种'玉华'树，建议以发展'春华'和'立园'为主，搭配'开园''玉华'和'美华'编组栽植。

表3-3 新品种杏'春华'和'立园'的亩产量比较[2-4]

品种	年份	亩产量（kg）	品种	年份	亩产量（kg）
春华	2022	1 434.5	春华	2019	1 660.7
立园	2022	1 594.7	立园	2018	1 658.5

按照上述编组发展的优势是，主栽品种'春华''立园''开园'和'玉华'果实发育期处于气候宜人的季节，不仅工作环境相对舒适，而且果园管理工作期短；'春华'和'开园'在大棚栽培杏后成熟，市场上少见其他杏与之竞争，价格相对较高。2019年委托泰安市几家商店进行销售试验，'开园'和'春华'有6d左右的较高价格销售期，价格在5~8元/500g，明显高于在此之后市场上出现的其他早熟品种大田栽培杏的价格（3.3~5.0元/500g）[15]。2018年调查，济宁市李营镇种植者的'开园'杏销售价格达到9元/500g。

发展实例：'开园'和'春华'2017年引种到肥城市后，第2年开始开花和少量结果；第3年'开园'和'春华'产量还较低，但作为授粉品种的'美华'有几百元的亩收入；第4年'开园'和'春华'获得较高产量和收益。2020年山东省自然资源厅科技与国际合作处组织专家进行现场验收，'开园'4年生树亩产量1 200kg以上，'春华'4年生树亩产量950kg以上，当年两个品种的试销价格2~5元/500g，亩收入均达到6 000元以上，2021年以后销售价格提高到基本上稳定的6~7元/500g，收入进一步提高。这说明，这两个品种可助力农民增收，同时也可拓宽鲜杏供应期，丰富当地的果品供应。

发展'开园'和'春华'需要注意的问题是，不要在四面是大山的地块栽植，这样的地块通常气候冷凉，物候期晚；在这样的地块栽植'开园'和'春华'并不能体现出其果实成熟早、上市价格高的优势。'开园'和'春华'最好在背风向阳的山坡地或者山岭地栽植。

二、建立采摘园时的品种编组栽培试验

随着我国经济的发展和人民生活水平的提高，人们对水果的需求日趋多样化。就成熟期来说，将培育的极早熟品种'开园'和'春华'、早熟品种'满园'和'立园'、中早熟品种'国华'和'玉华'、晚熟品种'美华'以及生产上的优良晚熟品种'珍珠油杏''济丽红''香蜜杏'等搭配编组栽植，可建立成熟期间隔合理的杏采摘园。这样栽植，由于同一个果园内品种多，品种间相互授粉效果好，同一个果园在较长的一段时间内可实现鲜杏的不间断供应，既可以满足人们对水果的多样化需求，也能在花期遇到低温逆境的特别年份，依靠抗逆性相对强的品种如'立园'获得一定的收益，不致因'开园''珍珠油杏'等易受环境影响而减产较大，并由此造成的损失过大。

与济南市长清区杏种植者朱培军的对话很好地展示了'春华''立园'和'国华'的成熟期间隔（图3-12）。

在品种编组中加入'开园'和'满园'，是考虑到消费者普遍反映'开园'口感品质好、在早熟品种中'满园'果实个大优势明显，建立观光采摘园时适量栽植这2个品种，可利用'开园'成熟期最早的特性进行先期宣传和开拓市场，利用'满园'的果实个大吸引消费者[2]。这样同时发展多个品种，可以填补一段鲜杏供应市场空窗期，正常年份能获得较高收益。

一个实例是，肥城市一个乡村杏园包含'开园''春华''满园''玉华'和'美华'等多个品种，近年来获得了较高的收入。价格调查结果表明，2021年大部分杏果

实销售价格 7 元 /500g，少量 6 元 /500g[2]，2023 年'满园'和'玉华'因为果实个大，售价为 7~12 元 /500g，2024 年'开园'和'春华'价格为 8 元 /500g 左右。虽然作为授粉品种的'美华'，因为成熟晚价格仅 2 元 /500g，但其亩产量高，收益仍然较好。

图 3-12 成熟期间隔

('春华'5月11日、'立园'5月17日、'国华'5月下旬)

参考文献

[1] 苑克俊, 牛庆霖, 王培久. 特早熟杏'开园'的培育和栽培管理技术. 烟台果树, 2017 (3): 18-19.

[2] 苑克俊, 石一川, 牛庆霖, 等. 逆境下 9 个极早熟、早熟杏品种性状的调查与分析. 落叶果树, 2023, 55 (2): 14-16

[3] 苑克俊, 王培久, 李圣龙, 等. 极早熟杏新品种'春华'. 园艺学报, 2019, 46 (s2): 2745-2746.

[4] 葛福荣, 苑克俊, 牛庆霖, 等. 早熟杏新品种'立园'. 园艺学报 (增刊), 2020, 47 (s2): 2887-2888.

[5] 苑克俊, 牛庆霖, 秦志华, 等. 早熟杏新品种'英华'. 园艺学报, 2022, 49 (s2): 27-28.

[6] 苑克俊, 王培久, 牛庆霖, 等. 中早熟杏新品种'玉华'. 园艺学报, 2019, 46 (s2): 2743-2744.

[7] 苑克俊, 牛庆霖, 秦志华, 等. 中早熟杏新品种'国华'及其塑膜大棚栽培试验. 山东林业科技, 2022 (4): 65-67.

[8] 苑克俊, 王培久, 牛庆霖, 等. 中熟大果杏新品种'夏华'. 园艺学报, 2020, 47 (10): 2063-2064.

[9] 苑克俊, 牛庆霖, 秦志华, 等. 杏晚熟鲜食制干兼用新品种美华的选育. 中国果树, 2022 (9): 60-62.

[10] 苑克俊, 牛庆霖, 秦志华, 等. 杏新品种'美华'制干研究. 山东林业科技, 2023 (1): 63-64.

[11] 苑克俊, 牛庆霖, 葛福荣, 等. 利用荧光 SSR 标记构建杏新品系的分子身份证. 园艺学报, 2017, 44 (s1): 2472.

[12] 苑克俊, 王培久, 武海斌, 等. 周楠楠不同颜色粘板的诱虫效果与杏园害虫防治探讨, 中国园艺文摘, 2014 (10): 48, 99.

［13］苑克俊,王长君,王培久,等.杏采后当年播种培育育种植株技术研究.天津农业科学,2014, 20(11):88–92.

［14］苑克俊,牛庆霖,王培久,等.塑料薄膜大棚和露地栽培杏的比较研究.天津农林科技,2018 (1):3–6.

［15］苑克俊,王培久,葛福荣,等.极早熟杏品种开园和春华的价格分析.落叶果树,2019,51(6): 56–58.

第四章
杏育种种质的收集和调查

育种的目的是将尽可能多的优良性状集聚于目标品种上。要达到这个目标，首先要获得具有各种优良性状的种质作亲本，然后通过授粉杂交等手段将性状供体父本种质的优良性状转移到性状受体母本种质，进而达到将父母本种质的优良性状集聚于杂交后代，培育目标品种的目的。因此，种质的收集在育种工作中是十分重要的环节。杏的突出特点是优良品种、地方良种和农家品种众多，种质资源丰富，但大多数种质资源零星分布。收集和利用好这些种质资源，进行种质创造和培育新品种，解决生产中的问题，发展果树产业，优化杏的供给侧结构，满足人民生活水平不断提高的需要，是科研工作者需要解决的问题。另外，在育种过程中培育的一些后代植株，表现出一些优良优异性状，虽然整株性状还没有达到培育品种的程度，但在后续育种工作中有可能作为种质利用。对这些具有优良优异性状的种质进行收集保存也是十分必要的。收集和保存种质，也可以为研究杏的优良性状功能基因、开发分子标记进行分子标记辅助育种提供研究材料。

本书记录了收集、保存和调查的83份种质，其中80份种质的性状进行了调查描述，包括第三章介绍的9个杏新品种和在培育新品种过程中调查的一些育种植株后代种质，并给出了利用分子标记鉴定杏新品种等重要种质的分子图谱。

第一节　果实红色杏种质

红色种质在这里是指适合作为育种亲本的优异红色种质，不是那种仅小部分着色的种质，包括：'早熟红杏'（5月21日成熟）、种质z148（5月27日成熟）、种质S168（5月31日成熟）、'大红杏M'（6月8日成熟）、种质S72（6月9日成熟）、'名堂红'（6月12日成熟）、'关爷脸'（青岛6月23日成熟）、'济丽红'（6月下旬成熟）和本章第八节介绍的'火玲珑'（6月14日成熟）。

一、早熟红杏（早熟杏）

来源　'早熟红杏'是自泰安岱岳区购买苗木、栽植在山东省果树研究所万吉山试验基地果园的杏树中偶然发现的一株植株。

特征特性　植株生长势中，树姿开张，成枝能力50%，一年生枝的阳面红褐色；叶片长度9.42cm，宽度7.52cm，长度/宽度1.25，叶色中等绿，叶基平圆形，叶片尖端中等钝角，叶尖长度短，叶缘圆锯齿，叶缘起伏中，叶柄长度4.28cm，叶片长度/

叶柄长度 2.20，叶柄蜜腺数 2~4 个；初花期 3 月中旬，花瓣单瓣；单果重 56.8g，果实圆形，果实纵径 4.77cm，侧径 4.83cm，横径 4.33cm，纵径/横径 1.10，侧径/横径 1.11，果实对称，缝合线中或深，梗洼深，果顶平，无果顶尖，果面光滑，果皮有茸毛（图 4–1）；果实底色绿黄，着色面积较大，着色类型红，着色深，着色样式片状或细点；果肉颜色黄，口味甜酸，质地细腻，纤维少，香气无，汁液中或多，可溶性固形物含量 11.5%，半离核；果核卵圆形，核仁苦，鲜核仁重 0.87g，核仁饱满。果实成熟期早。

'早熟红杏'在山东省果树研究所万吉山试验基地于 2017 年 5 月 21 日成熟，主要特点是果实红色、口味酸。

图 4–1 '早熟红杏'
（A. 果实；B. 果实纵剖面；C. 种子；D. 种仁）

附图

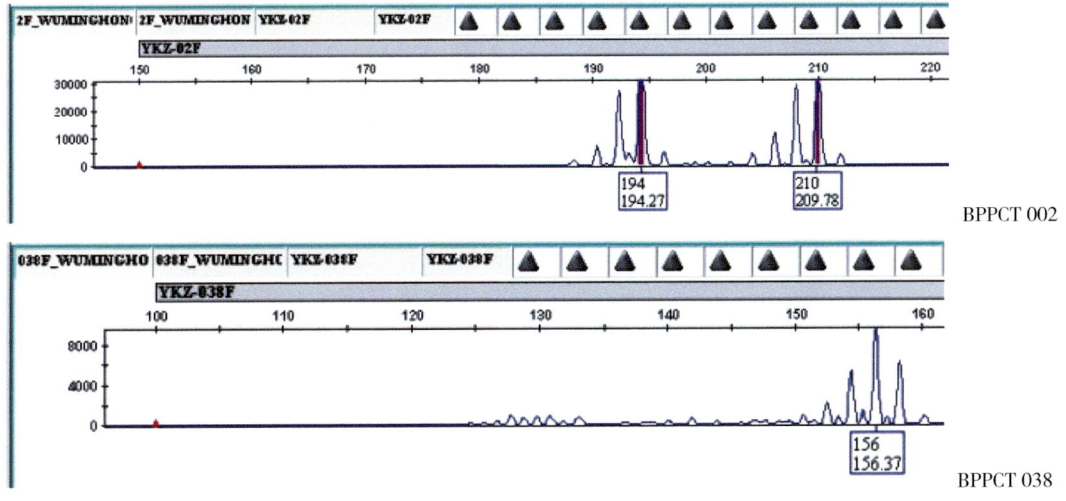

BPPCT 002

BPPCT 038

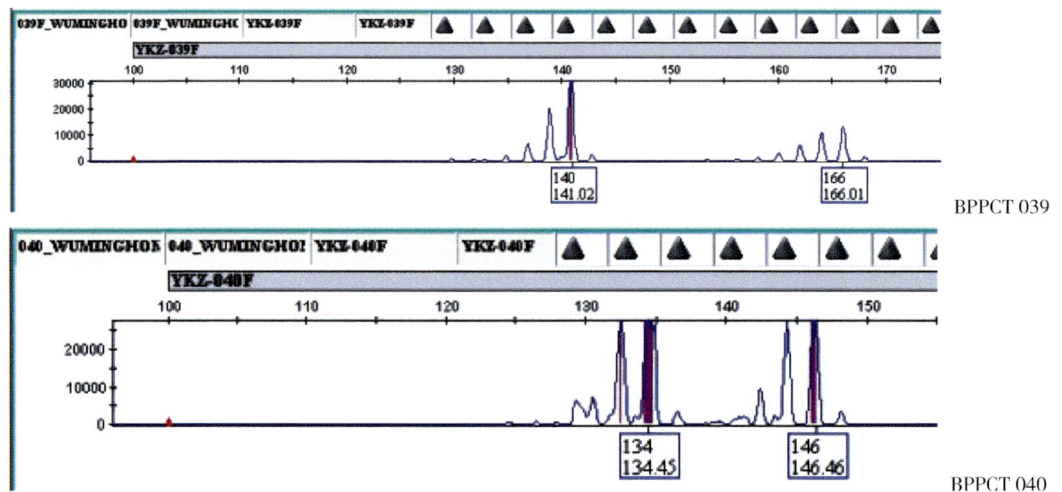

BPPCT 039

BPPCT 040

附图 '早熟红杏'不同标记的分子图谱

二、种质 z148（中早熟杏）

来源　种质 z148 是以'金太阳'为母本、'红荷包'为父本杂交后代植株中选出的杏种质。

特征特性　植株生长势中，树姿开张，成枝能力 55%，一年生枝阳面红褐色；叶片长度 8.14cm，宽度 6.41cm，长度/宽度 1.27，叶色中或深，叶基平圆形，叶片尖端夹角锐角，叶尖长度短，叶缘尖锯齿，叶缘起伏中，叶柄长度 3.63cm，叶片长度/叶柄长度 2.25，叶柄蜜腺数 3~6 个；初花期 3 月中旬，花瓣单瓣；单果重 47.7g，果实椭圆形，果实纵径 4.94cm，侧径 4.54cm，横径 4.09cm，纵径/横径 1.21，侧径/横径 1.11，果实对称，缝合线浅，梗洼中或深，果顶圆凸，有小果顶尖，果皮有茸毛，有光泽（图 4-2）；

图 4-2　种质 z148
（A. 果实；B. 果实纵剖面；C. 种子；D. 种仁）

果实底色橙黄，着色面积较大，着色类型红，着色深，着色样式片状或斑点；果肉颜色橙黄，口味甜，质地细，纤维少，果实香气弱，汁液中或多，可溶性固形物含量13.7%，离核；果核卵圆形，鲜核仁重0.97g，核仁60%饱满。果实成熟期早或中。

杏种质z148在山东省果树研究所万吉山试验基地于2017年5月27日成熟。

三、种质S168（中熟杏）

来源 种质S168是从'金太阳'种子实生后代中选出的中熟杏种质。

特征特性 植株生长势强，树姿半开张，成枝能力82%，一年生枝阳面红褐色；叶片长度7.62cm，宽度6.81cm，长度/宽度1.12，叶色中或深，叶基平圆形，叶片尖端夹角锐角，叶尖长度短，叶缘尖锯齿，叶缘起伏弱，叶柄长度2.83cm，叶片长度/叶柄长度2.69，叶柄蜜腺数4~5个；初花期3月中旬，花瓣单瓣；单果重38.9g，果实扁圆形，果实纵径3.91cm，侧径4.35cm，横径4.08cm，纵径/横径0.96，侧径/横径1.06，果实对称，缝合线浅，梗洼浅，果顶平，无果顶尖，果皮有茸毛（图4-3）；果实底色橙黄，着色面积较大，着色类型红，着色深，着色样式片状；果肉质地细，纤维中，果实香气无，汁液中或多，可溶性固形物含量12.3%，离核；果核椭圆形，鲜核仁重0.86g，核仁100%饱满。果实成熟期中。

杏种质S168在山东省果树研究所万吉山试验基地于2017年5月31日成熟。S168杏主要特点是着色好，叶柄蜜腺数4~5个，果实扁圆形。

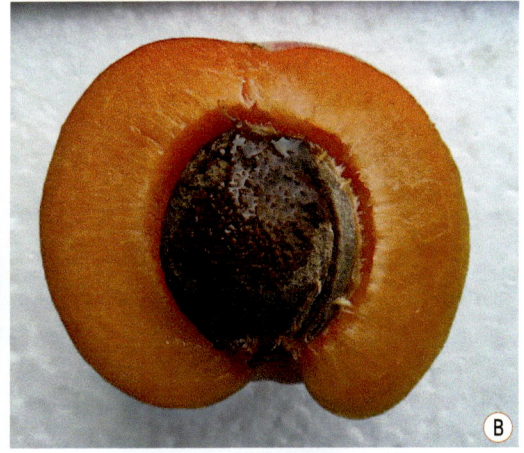

图4-3 种质S168
（A.果实；B.果实纵剖面；C.种子；D.种仁；E.叶片）

四、大红杏 M（晚熟杏）

来源　'大红杏 M'是山东省果树研究所孙瑞红研究员自山东省蒙阴县采集。

特征特性　植株生长势中，树姿开张，成枝能力中，一年生枝阳面红褐色；叶片长度 10.92cm，宽度 8.30cm，长度/宽度 1.32，叶片的绿色程度中，叶基钝圆形，叶片尖端夹角中等钝角，叶尖长度短，叶缘圆锯齿，叶缘起伏弱，叶柄长度 5.72cm，叶片长度/叶柄长度 1.91，叶柄蜜腺数 2~3 个；花瓣单瓣，花径 3.09cm，花瓣下部浅红色；单果重 72.8g，果实椭圆形，纵径 5.39cm，侧径 5.10cm，横径 4.80cm，纵径/横径 1.12，侧径/横径 1.06，果实较对称，缝合线浅，梗洼中，果顶凹，有小果顶尖，果面光滑，果皮有茸毛，果皮光泽强（图 4-4）；果实底色淡黄，着色面积中，着色类型红，着色深，着色样式片状；果肉颜色橙黄，质地细腻，纤维中，果实硬度 3.18kg/cm^2，香气无或弱，汁液中，可溶性固形物含量 15.1%，半离核；果核形状椭圆，鲜核重 4.42g，核仁苦，鲜核仁重 1.52g，核仁 100% 饱满。果实成熟期晚。

'大红杏 M'在山东蒙阴县 6 月 16 日左右成熟。在山东省果树研究所万吉山试验基地种植，2022 年的初花期 3 月中旬，果实 6 月 8 日左右成熟。

图 4-4　'大红杏 M'
（A. 果实；B. 果实纵剖面；C. 种子；D. 种仁；E. 叶片）

附图

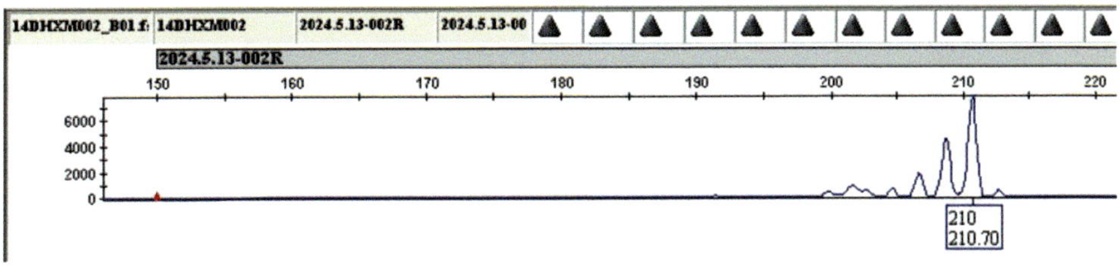

BPPCT 002

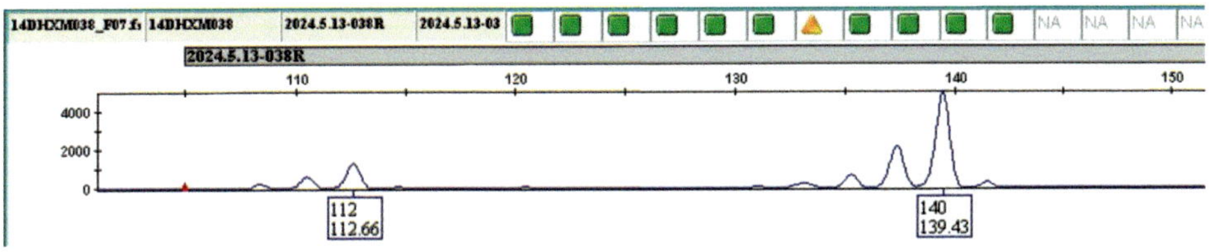

BPPCT 038

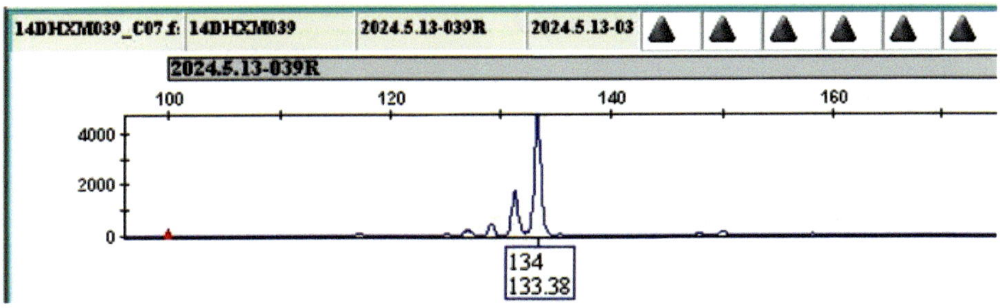

BPPCT 039

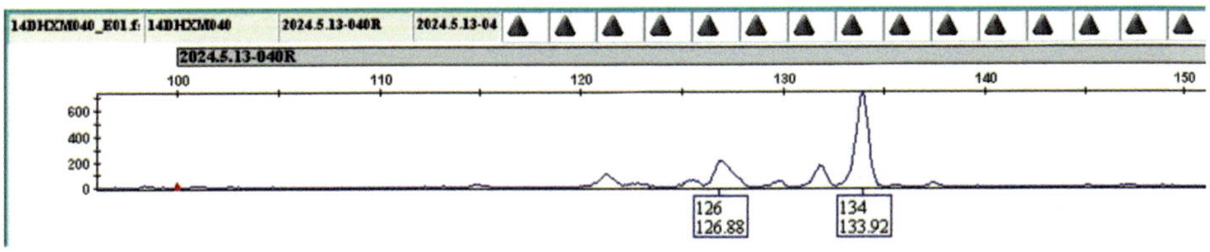

BPPCT 040

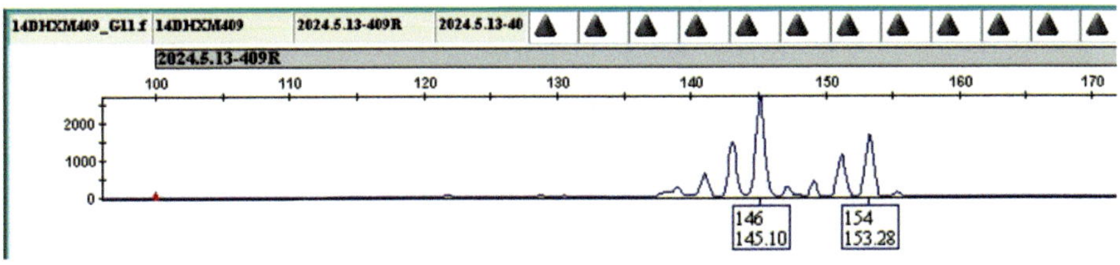

UDP98-409

附图 '大红杏M'不同标记的分子图谱

五、种质S72（晚熟杏）

来源 种质S72是在实生种子后代植株中选出的晚熟杏种质。

特征特性 植株生长势强，树姿开张，成枝能力41%，一年生枝阳面黄褐色；叶片长度8.37cm，宽度7.22cm，长度/宽度1.12，叶色中或深，叶基平圆形，叶片尖端夹角中等钝角，叶尖长度中，叶缘尖锯齿，叶缘起伏弱，叶柄长度3.92cm，叶片长度

/叶柄长度2.14,叶柄蜜腺数2~6个;初花期3月中旬,花瓣单瓣;单果重66.1g,果实椭圆形,果实纵径5.09cm,侧径5.05cm,横径4.78cm,纵径/横径1.07,侧径/横径1.06,果实对称,缝合线中或深,果肩处深,梗洼中或深,果顶平,无果顶尖,果皮有茸毛(图4-5);果实底色绿黄,果实着色面积较大,果实着色类型红,果实着色深,果实着色样式片状或细点;果肉颜色橙黄,口味甜,果肉质地细,果肉纤维少,果实香气中,果实汁液少,可溶性固形物含量13.2%,离核;果核椭圆形,鲜核仁重0.62g,核仁100%饱满。果实成熟期早或中。

杏种质S72在山东省果树研究所万吉山试验基地于2017年6月9日成熟。种质S72主要特点是晚熟、果实红色。

图4-5 种质S72
(A.果实;B.果实纵剖面;C.种子;D.种仁)

六、名堂红(晚熟杏)

来源 '名堂红'是自山东天地园艺公司购买苗木定植的杏种质。

特征特性 植株生长势强,树姿开张,成枝能力32.7%,一年生枝阳面紫红色;叶片长度8.44cm,宽度7.02cm,长度/宽度1.20,叶片的绿色程度浅,叶基钝圆形,叶片尖端夹角锐角,叶尖长度中,叶缘尖锯齿,叶缘起伏弱,叶柄长度3.93cm,叶片长度/叶柄长度2.15,叶柄蜜腺数3~5个;初花期3月中旬,花瓣单瓣;单果重43.8g,果实卵圆形,纵径4.53cm,侧径4.51cm,横径4.19cm,纵径/横径1.08,侧径/横径1.08,果实不对称,缝合线浅,梗洼深,果顶尖圆,有果顶尖,果面光滑,果皮有茸毛,果皮光泽中(图4-6);果实底色淡黄,着色面积小,着色类型红,着色中,着色样式片状;果肉颜色黄,质地细腻,纤维中,果实香气弱,汁液少,可溶性固形物含量 16.8%，半离核；果核形状卵圆，鲜核重 2.96g，鲜核仁重 0.92g，核仁 100% 饱满。果实成熟期晚。

'名堂红'在山东省果树研究所万吉山试验基地于 2019 年 6 月 12 日左右成熟。

图 4-6　'名堂红'
（A. 果实；B. 果实纵剖面；C. 种子；D. 种仁；E. 叶片）

附图

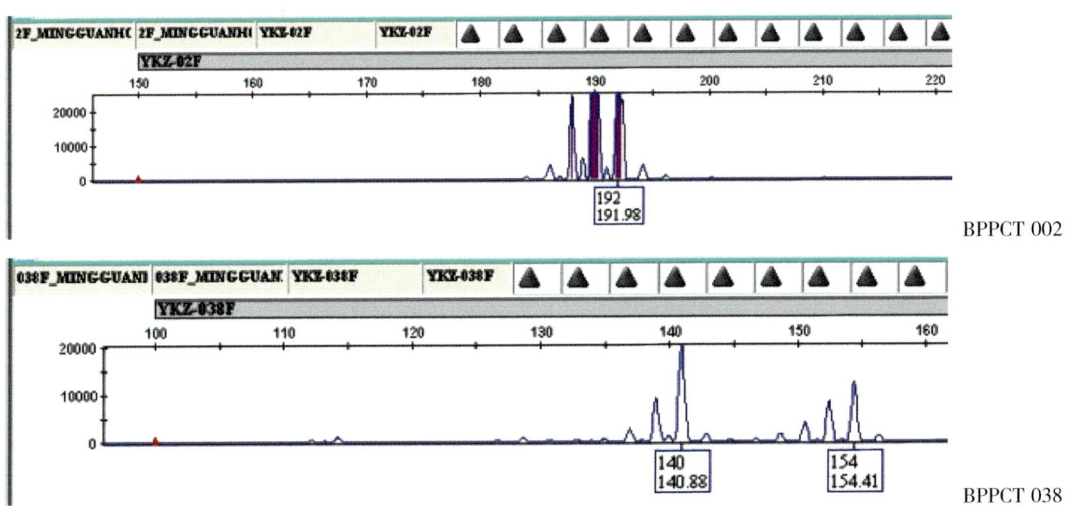

BPPCT 002

BPPCT 038

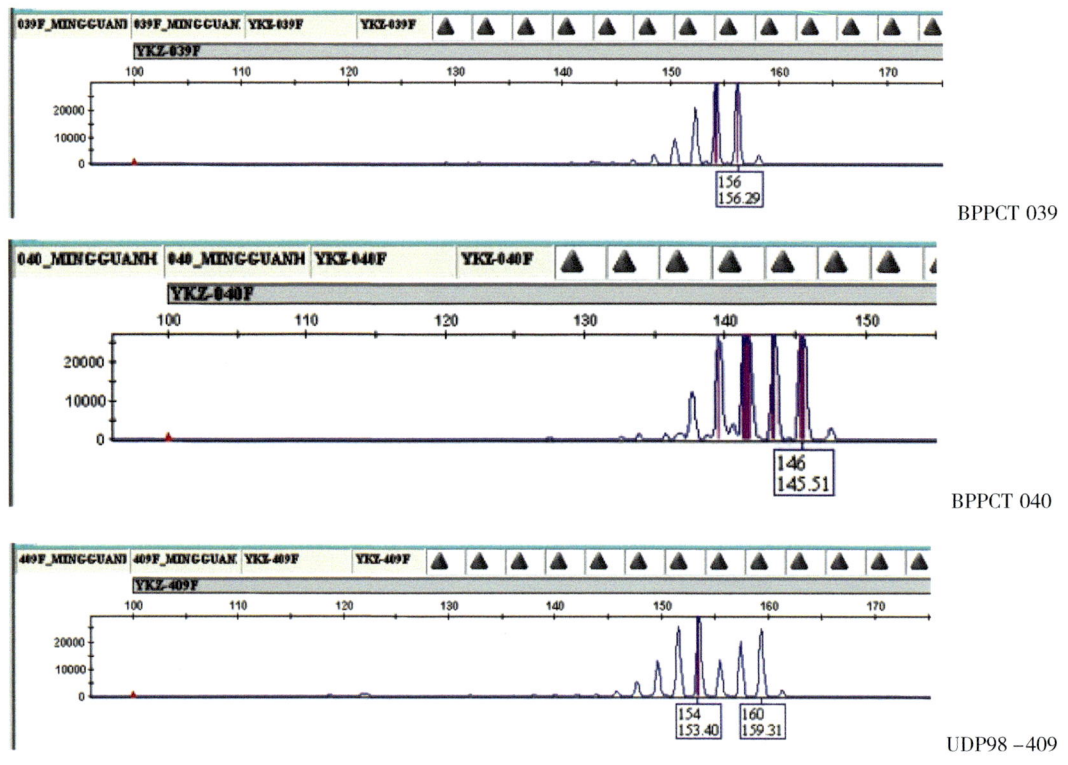

附图 '名堂红'不同标记的分子图谱

七、关爷脸（晚熟杏）

来源 '关爷脸'是苑克俊在山东省青岛市崂山区采集的杏品种。

特征特性 植株生长势强，树姿开张，成枝能力强，一年生枝阳面紫红色；叶片长度 11.46cm，宽度 9.54cm，长度/宽度 1.20，叶片的绿色程度深，叶基楔形或钝圆形，叶片尖端夹角钝角，叶尖长度中，叶缘圆锯齿，叶缘起伏中，叶柄长度 5.16cm，叶片长度/叶柄长度 2.22，叶柄蜜腺数 2~3 个；花瓣单瓣；单果重 90.9g，果实椭圆形，纵径 5.85cm，侧径 5.48cm，横径 5.17cm，纵径/横径 1.13，侧径/横径 1.06，果实不对称，缝合线浅，梗洼深，果顶凹，无果顶尖，果面光滑，果皮有茸毛，果皮光泽中（图 4-7）；果实底色黄，着色面积大，着色类型紫红，着色深，着色样式片状；果肉颜色黄，质地细腻，成熟无酸味，纤维少，果实硬度 3.42kg/cm^2，香气中，汁液中，可溶性固形物含量 15.8%，半离核；果核形状椭圆，鲜核重 4.9g，核仁苦，鲜核仁重 1.46g，核仁 100% 饱满。果实成熟期晚。

'关爷脸'在山东青岛地区于 2019 年 6 月 23 日左右成熟，在山东省果树研究所万吉山试验基地于 2021 年 6 月 6 日左右成熟。

第四章 杏育种种质的收集和调查

图4-7 '关爷脸'
（A.果实；B.果实纵剖面；C.种子；D.种仁；E.叶片）

附图

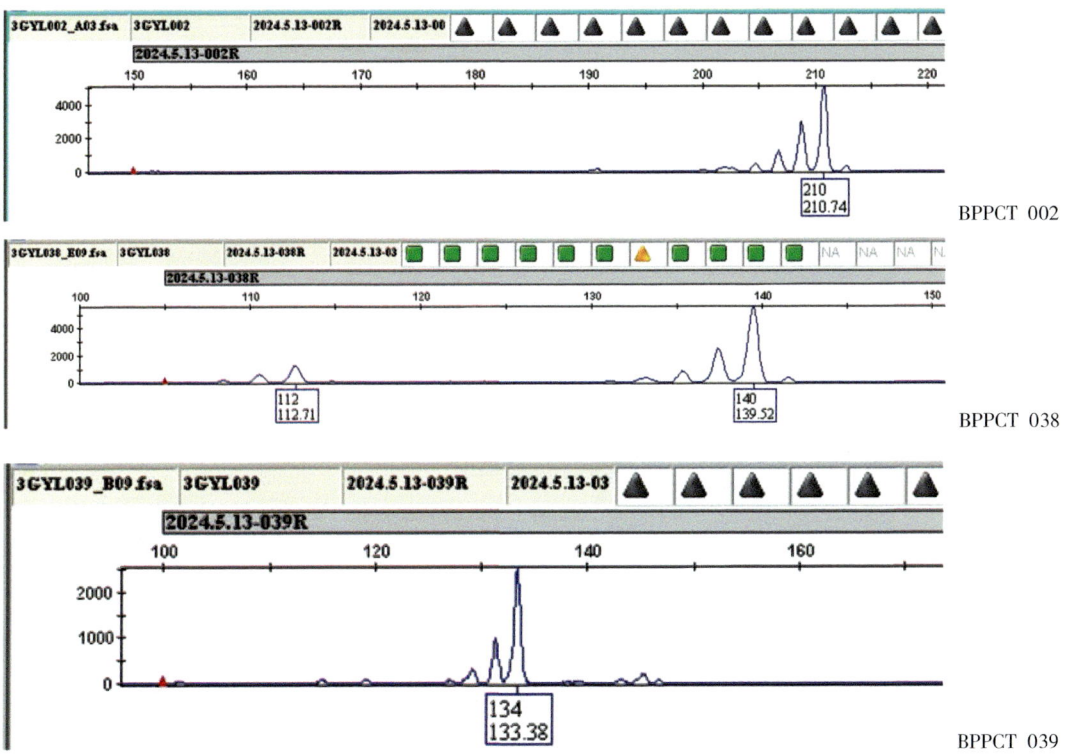

BPPCT 002

BPPCT 038

BPPCT 039

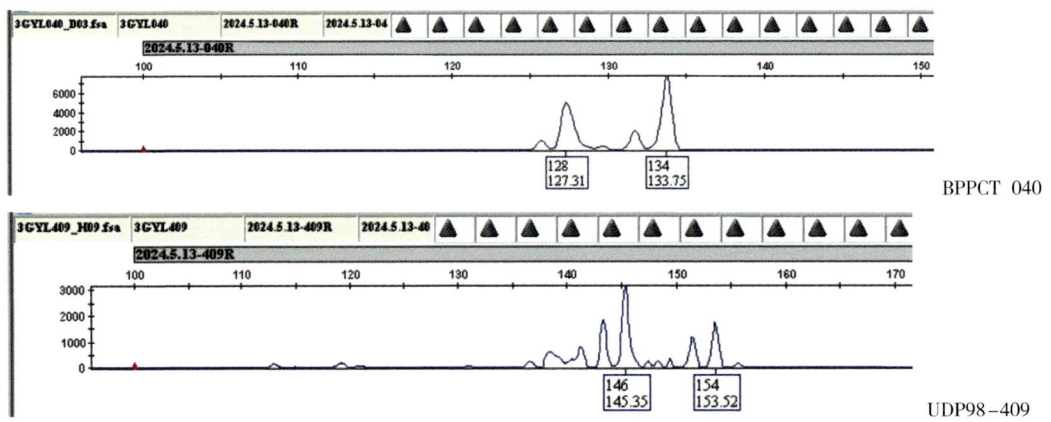

附图 '关爷脸'不同标记的分子图谱

八、济丽红（晚熟杏）

来源 '济丽红'是山东省济南市培育的杏品种[2]，该种质由济南市林业和园林绿化局于婷娟提供。

特征特性 植株生长势中，树姿开张，成枝能力82%，一年生枝阳面红褐色；叶片长度7.70cm，宽度6.95cm，长度/宽度1.11，叶片的绿色程度中，叶基平圆形，叶片尖端夹角中等钝角，叶尖长度短，叶缘尖锯齿，叶缘起伏中，叶柄长度3.32cm，叶片长度/叶柄长度2.32，叶柄蜜腺数2~3个；初花期3月中旬，花瓣单瓣，花径3.25cm；单果重68.0g，果实椭圆形或卵圆形，纵径5.12cm，侧径5.26cm，横径4.54cm，纵径/横径1.13，侧径/横径1.16，果实不对称，缝合线浅，梗洼中或深，果顶圆凸，有果顶尖，果皮有茸毛（图4-8）；果实底色绿黄，着色面积较大，着色类型

图4-8 '济丽红'
（A.果实；B.果实纵剖面；C.种子；D.种仁；E.叶片）

紫红，着色深，着色样式片状或斑点；果肉颜色橙黄，质地中，纤维中，香气无，汁液多，可溶性固形物含量14.0%，离核；果核形状圆，鲜核重4.0g，核仁甜，鲜核仁重0.82g，核仁100%饱满。果实成熟期晚。

'济丽红'在山东省果树研究所万吉山试验基地于6月下旬成熟。

附图

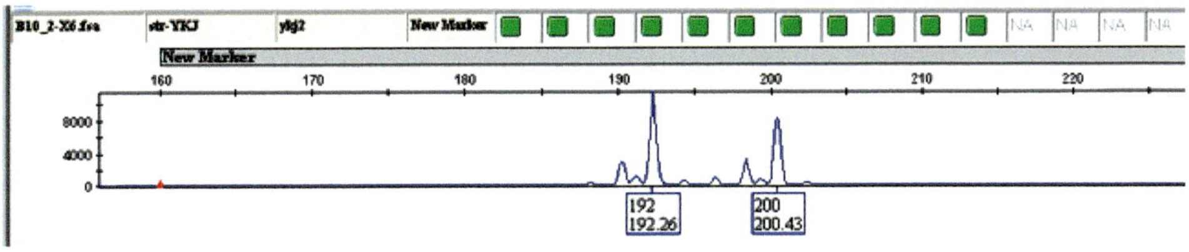

BPPCT 002

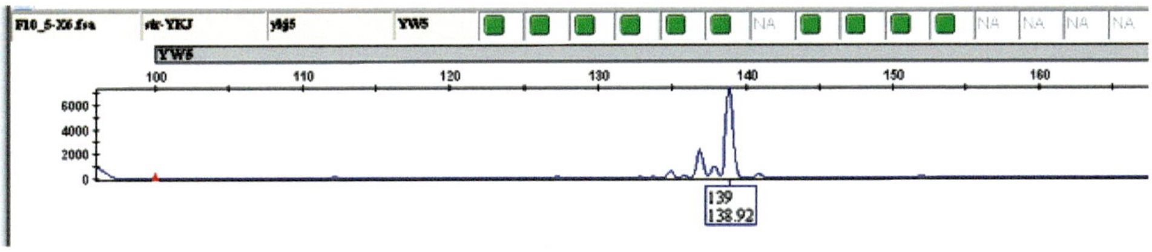

BPPCT 038

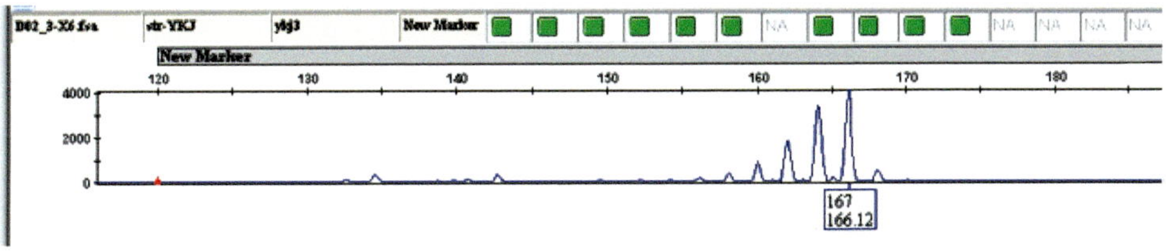

BPPCT 039

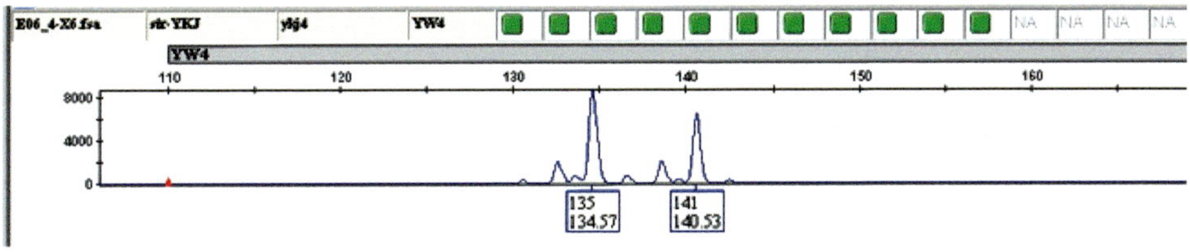

BPPCT 040

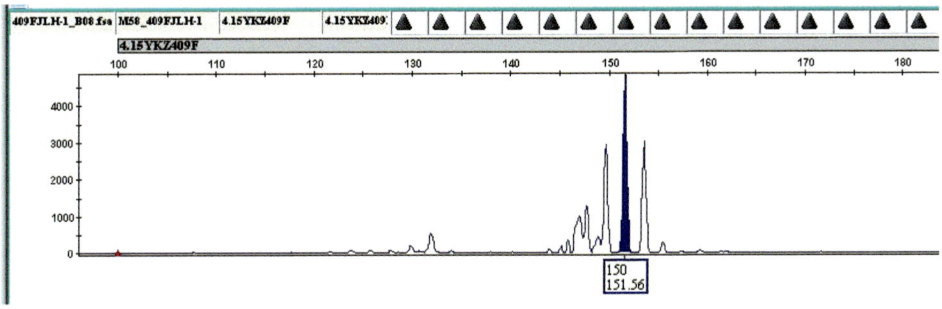

UDP98-409

附图 '济丽红'不同标记的分子图谱

第二节 果实非红色杏种质

果实非红色种质包括:'珍珠油杏''大白杏 M''大白杏 F'。

一、珍珠油杏(晚熟杏)

来源 '珍珠油杏'是在山东省新泰市农户家中发现的品种,于2004年通过专家鉴定后定名[3]。

特征特性 植株生长势强,树姿开张,成枝能力54.3%,一年生枝阳面黄褐色;叶片长度7.41cm,宽度6.13cm,长度/宽度1.21,叶片的绿色程度中,叶基钝圆形,叶片尖端夹角锐角,叶尖长度短,叶缘尖锯齿,叶柄长度2.65cm,叶片长度/叶柄长度2.80,叶柄蜜腺数2~3个;初花期3月中旬,花瓣单瓣;单果重35.4g,果实椭圆形,纵径4.43cm,侧径4.08cm,横径3.63cm,纵径/横径1.22,侧径/横径1.12,果实较对称,缝合线浅,梗洼深,果顶平,无果顶尖,果面光滑,果皮无茸毛,果皮光泽强(图4-9);果实底色绿黄,着色面积无;果肉颜色橙黄,质地细腻,果实硬度1.92kg/cm^2,香气无,汁液多,可溶性固形物含量21.8%,离核;果核形状倒卵圆,鲜核重2.4g,核仁甜,鲜核仁重0.88g,核仁80%饱满。果实成熟期晚。

'珍珠油杏'在山东省果树研究所万吉山试验基地于6月上中旬成熟,其花期比其他杏略晚。

图4-9 '珍珠油杏'
(A.果实;B.果实纵剖面;C.种子;D.种仁;E.结果树;F.结果枝)

附图

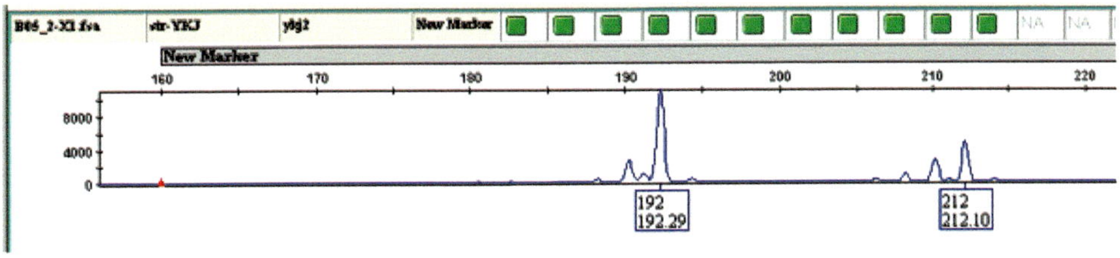

BPPCT 002

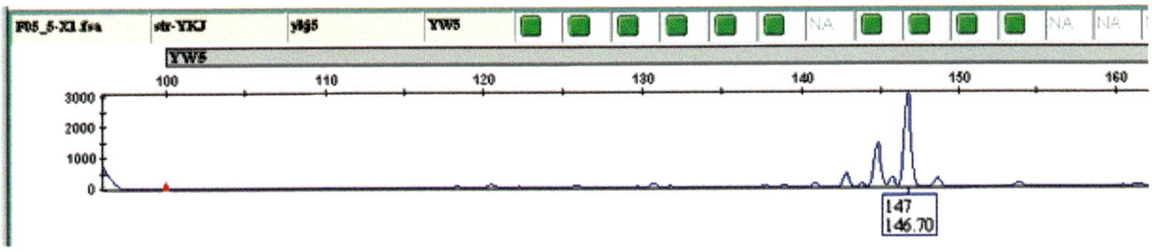

BPPCT 038

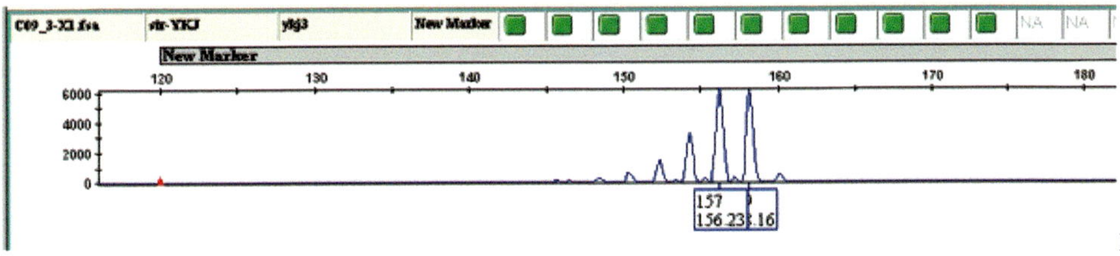

BPPCT 039

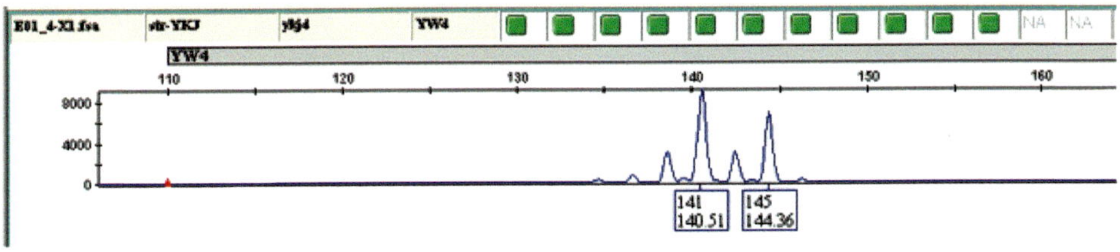

BPPCT 040

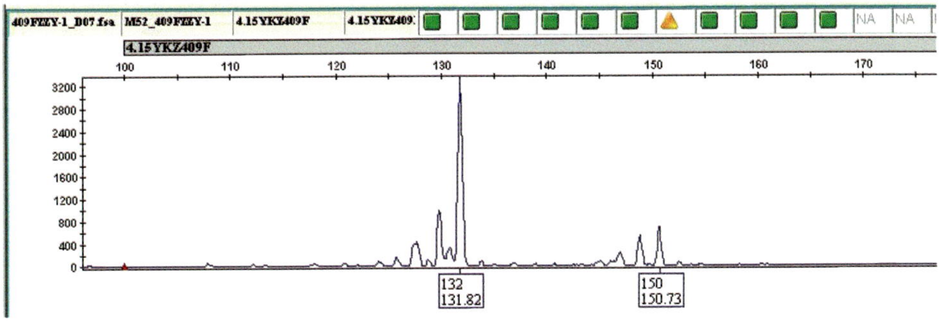

UDP98-409

附图 '珍珠油杏'不同标记的分子图谱

二、大白杏M（晚熟杏）

来源 '大白杏M'是山东省果树研究所孙瑞红研究员自山东省临沂市蒙阴县采集。

特征特性 植株生长势中，树姿开张，成枝能力中，一年生枝阳面红褐色；叶片长度 8.54cm，宽度 7.24cm，长度/宽度 1.18，叶片的绿色程度中，叶基钝圆形，叶片尖端夹角中等钝角，叶尖长度短，叶缘尖锯齿，叶柄长度 3.10cm，叶片长度/叶柄长度 2.76，叶柄蜜腺数 0~2 个；花瓣单瓣，花径 3.09cm，花瓣下部白色；单果重 86.0g，果实卵圆形，纵径 5.42cm，侧径 5.49cm，横径 5.22cm，纵径/横径 1.04，侧径/横径 1.05，果实对称，缝合线浅，梗洼浅，果顶尖圆，有果顶尖，果面光滑，果皮有茸毛，果皮光泽强（图 4-10）；果实底色淡黄，着色面积很小，着色类型红，着色浅，着色样式片状；果实硬度 2.60kg/cm^2，香气中，汁液中，可溶性固形物含量 14.8%；鲜核重 4.1g，鲜核仁重 1.38g，核仁 100% 饱满。果实成熟期晚。

'大白杏 M' 在山东蒙阴县于 6 月 16 日左右成熟。在山东省果树研究所万吉山试验基地种植，2022 年的初花期 3 月中旬。

图 4-10 '大白杏 M'
（A. 果实；B. 果实纵剖面；C. 种子；D. 种仁；E. 叶片）

三、大白杏 F（晚熟杏）

来源 '大白杏 F' 由山东省果树研究所孙瑞红在山东省烟台市福山区采集。

特征特性 植株生长势强，树姿开张，成枝能力 33.3%，一年生枝阳面红褐色；叶片长度 8.43cm，宽度 7.7cm，长度/宽度 1.10，叶片的绿色程度中，叶基钝圆形，叶片尖端夹角锐角，叶尖长度短，叶缘圆锯齿，叶缘起伏中，叶柄长度 3.24cm，叶片长度/叶柄长度 2.60，叶柄蜜腺数 2~3 个；初花期 3 月中旬，花瓣单瓣；单果重 48.6g，果实椭圆形，纵径 4.92cm，侧径 4.59cm，横径 4.26cm，纵径/横径 1.16，侧径/横径 1.08，果实不对称，缝合线浅，梗洼浅，果顶圆凸，有果顶尖，果面光滑，果皮有茸毛，果皮光泽中（图 4-11）；果实底色绿黄，着色面积无，果肉颜色黄绿，质地细腻，纤维少；果实硬度 2.68kg/cm^2，香气无，汁液中，可溶性固形物含量 16.0%，离核；果核形状卵圆，鲜核重 3.2g，核仁甜，鲜核仁重 0.92g，100% 有核仁，中等饱满。果实成熟期晚。

'大白杏F'在山东省果树研究所万吉山试验基地于6月21日左右成熟，其花期比其他大多数杏晚，也比'珍珠油杏'晚。

图4-11 '大白杏F'
（A.果实；B.采后果实；C.果实纵剖面；D.种子；E.种仁；F.叶片）

附图

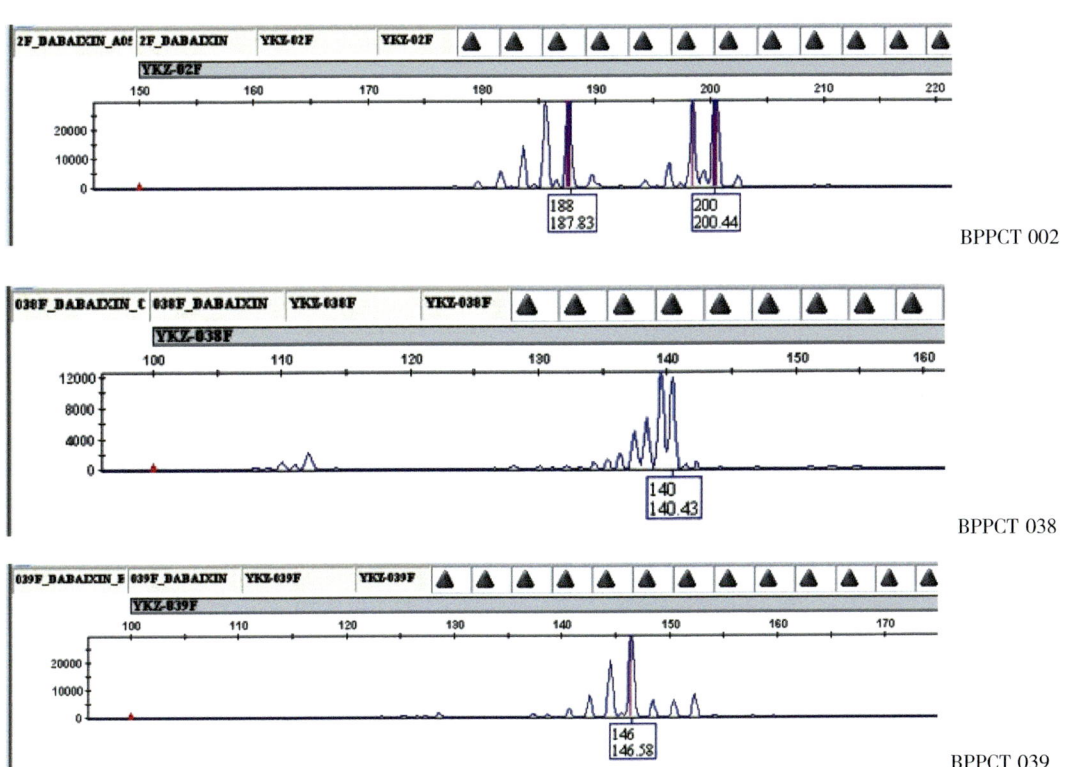

BPPCT 002

BPPCT 038

BPPCT 039

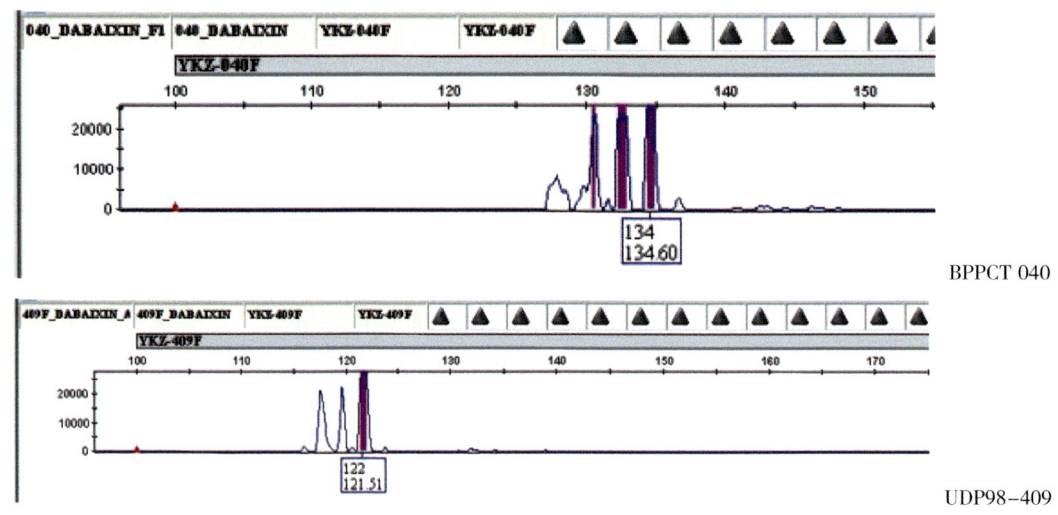

附图 '大白杏 F' 不同标记的分子图谱

第三节 油杏后代种质

该类种质包括：种质S221（5月24日成熟）、种质S121（5月30日成熟）、种质S129（6月5日成熟）、种质S138（6月5日成熟）、种质S130（6月7日成熟）、种质S119（6月12日成熟）、种质S137（6月28日成熟）以及本章第七节介绍的种质363。

该类种质是从以'珍珠油杏'为亲本的后代中选育而来，其特点是后代植株中含有果皮无茸毛等位基因，培育油杏新品种时可作为亲本。例如，由于'国华'在5月25日左右成熟，含有中早熟基因，并且含有果皮无茸毛等位基因，将'国华'与'珍珠油杏'杂交有可能培育出5月下旬成熟的中早熟油杏品种。

一、种质S221（早熟杏）

来源 种质S221是从'珍珠油杏'种子实生后代中选出的早熟杏种质。

特征特性 植株生长势中，树姿开张，成枝能力50%，一年生枝阳面红褐色；叶片长度9.50cm，宽度6.83cm，长度/宽度1.39，叶色深，叶基钝圆形，叶片尖端夹角锐角，叶尖长度中，叶缘尖锯齿，叶缘起伏弱，叶柄长度4.42cm，叶片长度/叶柄长度2.15，叶柄蜜腺数2~3个；初花期3月中旬，花瓣单瓣；单果重62.2g，果实椭圆形，果实纵径5.07cm，侧径4.97cm，横径4.50cm，纵径/横径1.13，侧径/横径1.10，果实较对称，缝合线浅，梗洼中或深，果顶圆凸或平，有小果顶尖，果面光滑，果皮有茸毛，有光泽（图4-12）；果实底色黄，果实着色面积小，果实着色类型红，果实着色浅，果实着色样式片状，果肉颜色黄，口味甜带微酸；果肉质地细，果肉纤维少，果实香气中等，果实汁液中或多，可溶性固形物含量15.4%，离核；果核椭圆形，核仁苦味无，鲜核仁重0.76g，核仁100%饱满。果实成熟期中。

杏种质 S221 在山东省果树研究所万吉山试验基地于 2017 年 5 月 24 日成熟。主要特点是早熟甜杏。

图 4-12　种质 S221
（A.果实；B.果实纵剖面；C.种子；D.种仁）

二、种质 S121（中熟杏）

来源　种质 S121 是从'珍珠油杏'种子实生后代中选出的中熟杏种质。

特征特性　植株生长势强，树姿开张，成枝能力 69%，一年生枝阳面黄褐色；叶片长度 7.74cm，宽度 6.85cm，长度/宽度 1.13，叶色深，叶基钝圆形，叶片尖端夹角中等钝角，叶尖长度短，叶缘尖锯齿，叶缘起伏中，叶柄长度 3.46cm，叶片长度/叶柄长度 2.24，叶柄蜜腺数 1~3 个；初花期 3 月中旬，花瓣单瓣；单果重 45.1g，果实倒卵圆形，果实纵径 4.93cm，侧径 4.55cm，横径 4.00cm，纵径/横径 1.23，侧径/横径 1.14，果实对称，缝合线极浅，梗洼浅，果顶平，果顶尖极小，果面光滑，果皮有茸毛，有光泽（图 4-13）；果实底色黄，果实着色面积无；果肉颜色橙黄，口味甜，果肉质地细，果肉纤维少，果实香气弱，果实汁液多，可溶性固形物含量 13.1%，离核；果核椭圆形，鲜核重 2.46g，核仁苦味无，鲜核仁重 0.79g，核仁 80% 饱满。果实成熟期中。

杏种质 S121 在山东省果树研究所万吉山试验基地于 2017 年 5 月 30 日左右成熟。主要特点是果实倒卵圆形。

杏新品种选育

图 4-13 种质 S121
（A. 果实；B. 果实纵剖面；C. 种子；D. 种仁）

附图

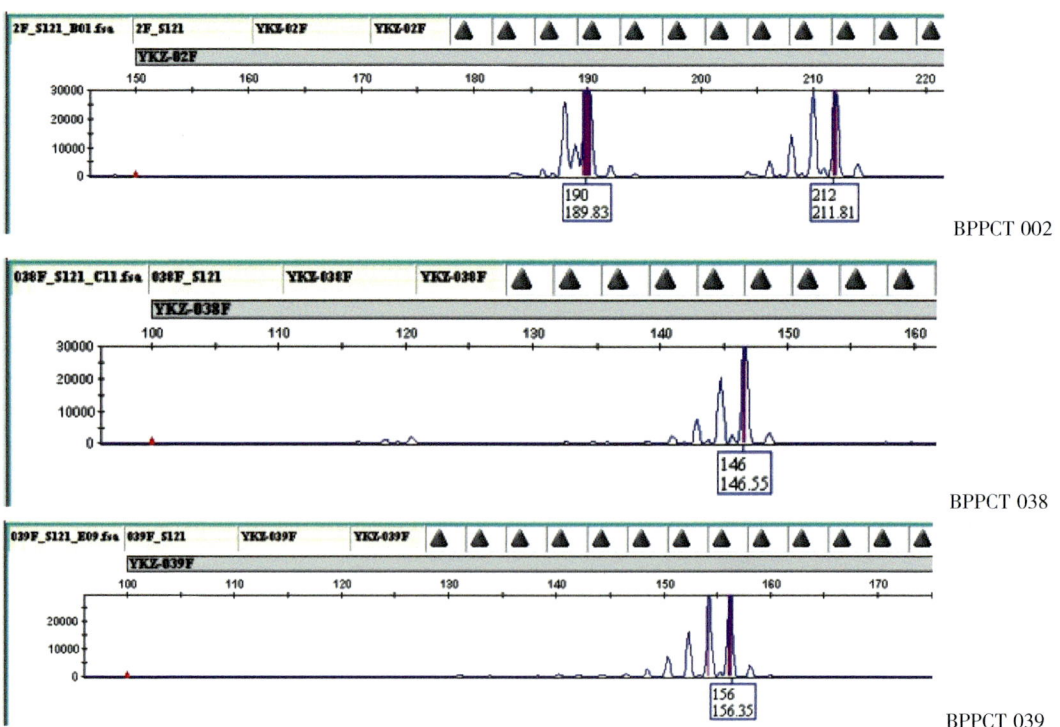

BPPCT 002

BPPCT 038

BPPCT 039

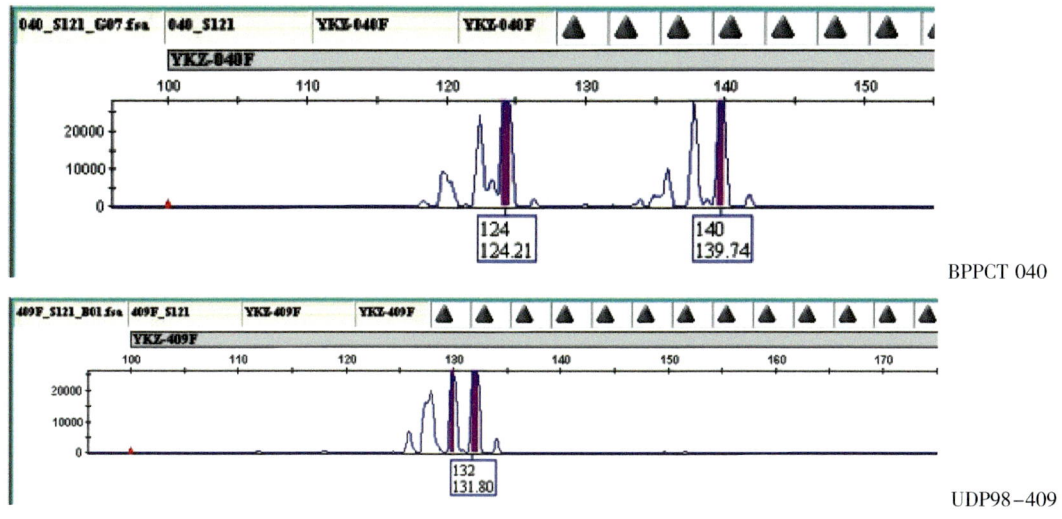

BPPCT 040

UDP98-409

附图　种质 S121 不同标记的分子图谱

三、种质 S129（中熟杏）

来源　种质 S129 是从'珍珠油杏'种子实生后代中选出的中熟杏种质。

特征特性　植株生长势强，树姿开张，成枝能力 58%，一年生枝阳面红褐色；叶片长度 8.49cm，宽度 6.4cm，长度/宽度 1.33，叶色深，叶基钝圆形，叶片尖端夹角锐角，叶尖长度短，叶缘尖锯齿，叶缘起伏中，叶柄长度 3.65cm，叶片长度/叶柄长度 2.33，叶柄蜜腺数 2~3 个；初花期 3 月中旬，花瓣单瓣；单果重 44.9g，果实椭圆形，果实纵径 4.63cm，侧径 4.57cm，横径 3.93cm，纵径/横径 1.18，侧径/横径 1.16，果实对称，缝合线极浅，梗洼浅，果顶平，无果顶尖，果面光滑，果皮有茸毛，光泽中或强（图 4-14）；果实底色黄，果实着色面积很小，果实着色类型红，果实着色浅，果

图 4-14　种质 S121
（A.果实；B.果实纵剖面；C.种子；D.种仁）

实着色样式片状；果肉颜色黄，果肉质地细，果肉纤维少，果实香气弱，果实汁液多，可溶性固形物含量 16.9%，离核；果核卵圆形，核仁苦味无或弱，鲜核仁重 0.68g，核仁 100% 饱满。果实成熟期中。

杏种质 S129 在山东省果树研究所万吉山试验基地于 2017 年 6 月 5 日成熟。

四、种质 S138（中熟杏）

来源　种质 S138 是从'珍珠油杏'种子实生后代中选出的中熟杏种质。

特征特性　植株生长势中，树姿开张，成枝能力 52%，一年生枝阳面黄褐色；叶片长度 9.61cm，宽度 7.58cm，长度 / 宽度 1.27，叶色中或深，叶基钝圆形，叶片尖端夹角锐角，叶尖长度短，叶缘钝锯齿，叶缘起伏中，叶柄长度 3.97cm，叶片长度 / 叶柄长度 2.42，叶柄蜜腺数 2 个；初花期 3 月中旬，花瓣单瓣；单果重 65.3g，果实卵圆形，果实纵径 5.28cm，侧径 5.15cm，横径 4.56cm，纵径 / 横径 1.16，侧径 / 横径 1.13，果实对称，缝合线浅，梗洼浅，果顶平，有果顶尖，果面光滑，果皮有茸毛，果皮有光泽（图 4–15）；果实底色橙黄，果实着色面积小，果实着色类型红，果实着色浅，果实着色样式斑点；果肉颜色黄，果肉质地中，口味甜带微酸，果肉纤维中，果实香气弱，果实汁液少，可溶性固形物含量 14.6%，离核；果核椭圆形，鲜核重 4.10g，核仁甜，鲜核仁重 1.36g，核仁 100% 饱满。果实成熟期中。

杏种质 S138 在山东省果树研究所万吉山试验基地于 2017 年 6 月 5 日左右成熟。

图 4–15　种质 S138
（A. 果实；B. 果实纵剖面；C. 种子；D. 种仁）

五、种质 S130（中熟杏）

来源　种质 S130 是从'珍珠油杏'种子实生后代中选出的中熟杏种质。

特征特性 植株生长势强，树姿开张，成枝能力58%，一年生枝阳面黄褐色；叶片长度9.27cm，宽度7.43cm，长度/宽度1.25，叶色中或深，叶基钝圆形，叶片尖端夹角锐角，叶尖长度中，叶缘尖锯齿，叶缘起伏中，叶柄长度4.18cm，叶片长度/叶柄长度2.22，叶柄蜜腺数2~3个；初花期3月中旬，花瓣单瓣；单果重54.3g，果实椭圆形，果实纵径5.05cm，侧径4.73cm，横径4.37cm，纵径/横径1.16，侧径/横径1.08，果实对称，缝合线极浅，梗洼中或深，果顶平，无果顶尖，果面光滑，果皮有茸毛，光泽中或强（图4-16）；果实底色黄，果实着色面积小，果实着色类型红，果实着色浅，果实着色样式细点；果肉颜色黄，果肉质地中，果肉纤维中，果实香气无，果实汁液多，可溶性固形物含量14.3%，离核；果核椭圆形，核仁苦味无或弱，鲜核仁重1.06g，核仁100%饱满。果实成熟期中。

杏种质S130在山东省果树研究所万吉山试验基地于2017年6月7日成熟。

图4-16　种质S130
（A.果实；B.果实纵剖面；C.种子；D.种仁）

六、种质S119（晚熟杏）

来源 种质S119是从'珍珠油杏'种子实生后代中选出的晚熟杏种质。

特征特性 植株生长势中，树姿开张，成枝能力70%，一年生枝阳面红褐色；叶片长度7.72cm，宽度6.77cm，长度/宽度1.14，叶色深，叶基钝圆形，叶片尖端夹角锐角，叶尖长度短，叶缘尖锯齿，叶缘起伏强，叶柄长度3.25cm，叶片长度/叶柄长度2.38，叶柄蜜腺数2~3个；初花期3月中旬，花瓣单瓣；单果重60.4g，果实卵圆形，果实纵径5.00cm，侧径4.79cm，横径4.33cm，纵径/横径1.15，侧径/横径1.11，果实较对称，缝合线极浅，梗洼中或深，果顶圆凸，有果顶尖，果面光滑，果皮有茸毛，果皮光泽中（图4-17）；果实底色橙黄，果实着色面积无；果肉颜色橙红，果肉质地中，口味甜，纤维中，果实香气弱，果实汁液中或多，可溶性固形物含量 15.5%，离核；果核卵圆形，鲜核重 3.06g，核仁甜，鲜核仁重 1.2g，核仁 100% 饱满。果实成熟期晚。

杏种质 S119 在山东省果树研究所万吉山试验基地于 2017 年 6 月 12 日左右成熟。

图 4-17　种质 S119
（A. 果实；B. 果实纵剖面；C. 种子；D. 种仁）

附图

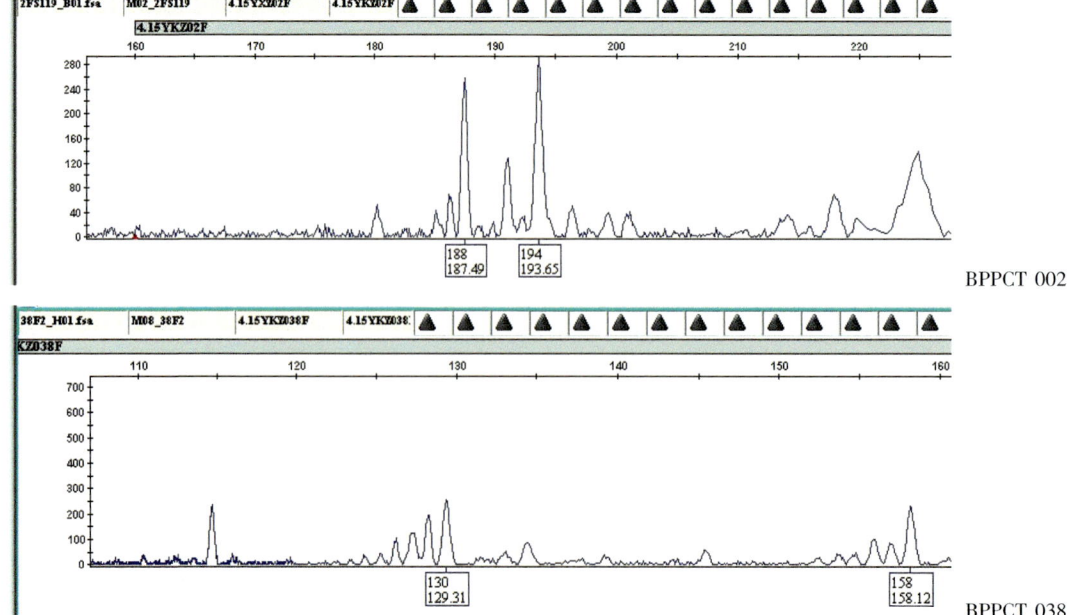

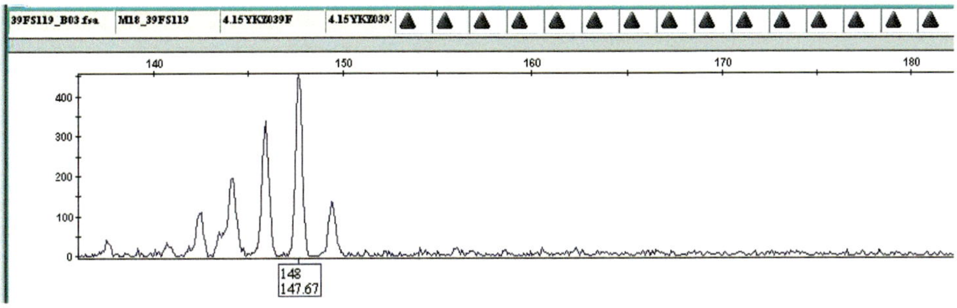

BPPCT 039

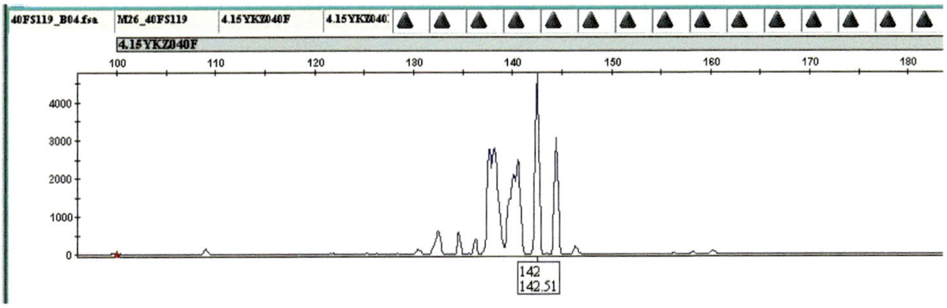

BPPCT 040

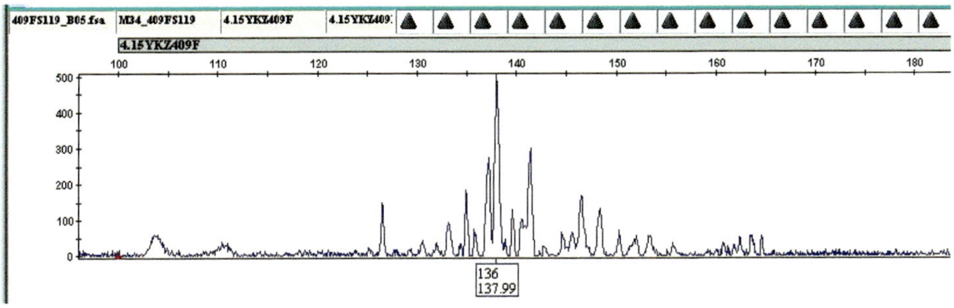

UDP98-409

附图　种质 S119 不同标记的分子图谱

七、种质 S137（晚熟杏）

来源　种质 S137 是从'珍珠油杏'种子实生后代中选出的晚熟杏种质。

特征特性　植株生长势强，树姿开张，成枝能力38%，一年生枝阳面红褐色；叶片长度8.49cm，宽度6.80cm，长度/宽度1.25，叶色中或深，叶基楔形，叶片尖端夹角锐角，叶尖长度短，叶缘尖锯齿，叶缘起伏中，叶柄长度3.31cm，叶片长度/叶柄长度2.56，叶柄蜜腺数1~2个；初花期3月中旬，花瓣单瓣；单果重34.9g，果实椭圆形，果实纵径4.38cm，侧径4.06cm，横径3.70cm，纵径/横径1.18，侧径/横径1.10，果实不对称，缝合线浅，梗洼浅，果顶尖圆，有果顶尖，果皮有茸毛，果皮光泽强（图4-18）；果实底色橙黄，果实着色面积很小，果实着色类型红，果实着色浅，果实着色样式斑点；果肉颜色橙黄，果肉质地细腻，皮厚，果肉纤维少，果实香气无，果实汁液多，可溶性固形物含量16.4%，离核；果核椭圆形，鲜核重2.98g，核仁苦，鲜核仁重 0.9g，核仁 100% 饱满。果实成熟期晚。

杏种质 S137 在山东省果树研究所万吉山试验基地于 2017 年 6 月 28 日左右成熟。

图 4-18　种质 S137
（A. 果实；B. 果实纵剖面；C. 种子；D. 种仁；E. 叶片）

八、种质 363

见第四章第七节。

第四节　早熟杏种质

该类种质包括：'早荷'（5 月 18 日成熟）、种质 J35（5 月 18 日成熟）、'一串黄'（5 月 20 日成熟）、'红光'（5 月 20 日成熟）、'早熟圆杏'（5 月 20 日成熟）、'红丰'（5 月 21 日成熟）、'红荷包'（5 月 22 日成熟）、'二花槽'（5 月 23 日成熟）以及本章第八节介绍的种质 J42（5 月下旬成熟）。

一、早荷（早熟杏）

来源　'早荷'杏是山东省果树研究所培育的早熟杏，在泰安市岱岳区采集而来。

特征特性　植株生长势强，树姿开张，成枝能力强；花芽主要在花束状结果枝和一年生枝上，一年生枝阳面红褐色；叶片长度 9.46cm，宽度 6.74cm，长度/宽度 1.40，叶色中或深，叶基钝圆形，叶片尖端夹角锐角，叶尖长度中或短，叶缘圆锯齿，叶缘起伏中，叶柄长度3.04cm，叶片长度/叶柄长度3.11，叶柄蜜腺数1~3个；初花期3月中旬，花瓣单瓣，花径3.38cm；单果重56.5g，果实圆形，纵径4.71cm，侧径4.73cm，横径4.55cm，纵径/横径1.03，侧径/横径1.04，果实对称，缝合线中或深，梗洼深，果顶平，微凹，无果顶尖，果面光滑，果皮有茸毛，光泽中（图4-19）；果实底色黄，着色面积中，着色类型橙红，着色浅，着色样式斑点；果肉颜色浅黄，口味甜酸，质地细腻，纤维少，香气浓，汁液少，可溶性固形物含量14.5%，半离核；果核圆形，核仁苦味弱，鲜核仁重0.4g，核仁饱满和不饱满都有。果实成熟期早。

'早荷'杏在山东省泰山南麓于5月18日左右成熟。

图4-19 '早荷'
（A. 果实；B. 叶片）

附图

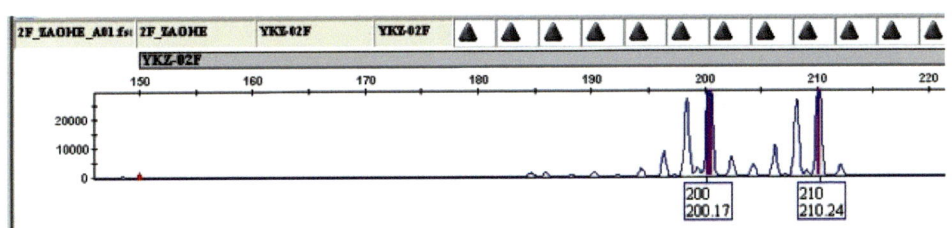

BPPCT 002

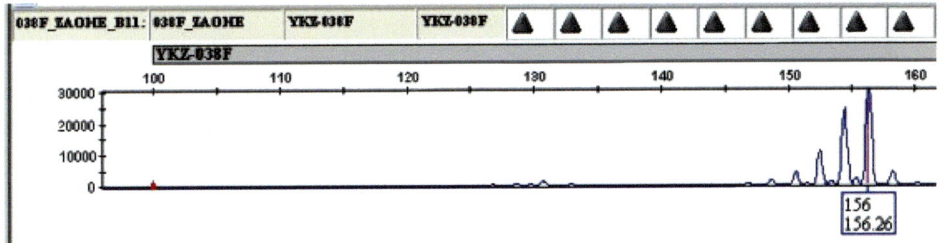

BPPCT 038

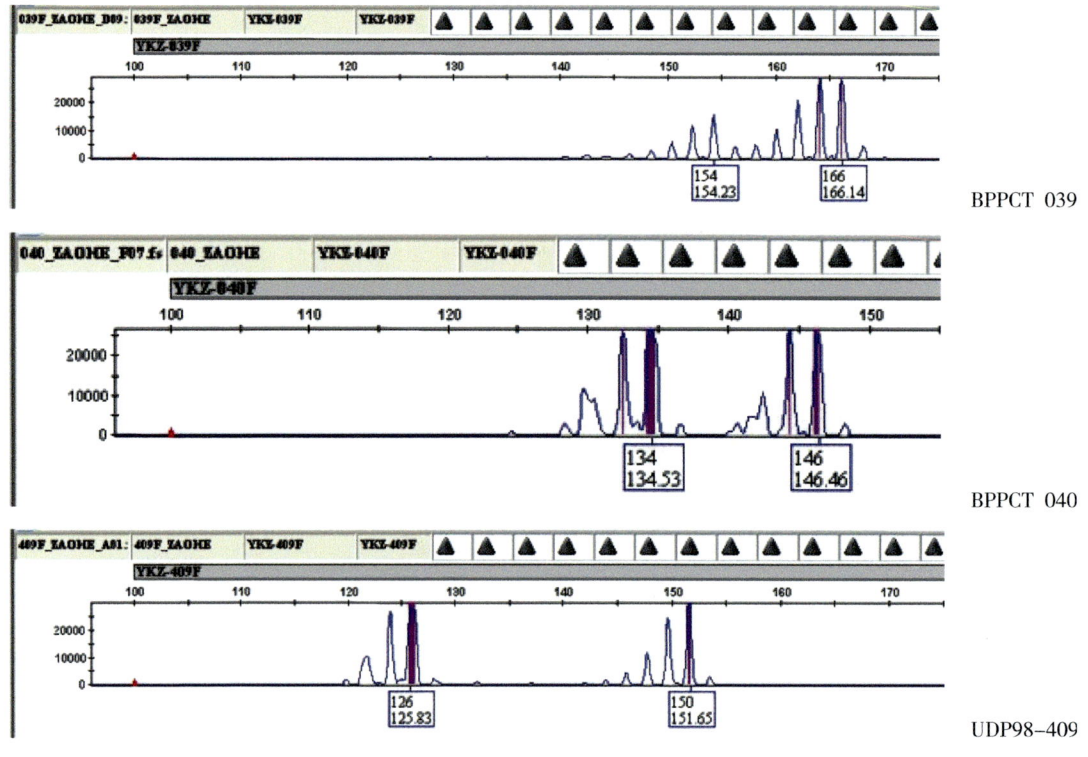

附图 '早荷' 不同标记的分子图谱

二、种质 J35（早熟杏）

来源 种质 J35 是山东省果树研究所通过杂交育种选出的早熟杏种质。

特征特性 植株生长势中，树姿开张，成枝能力 41%，一年生枝阳面红褐色；叶片长度 9.33cm，宽度 8.18cm，长度/宽度 1.14，叶色中或深，叶基平圆形，叶片尖端夹角锐角，叶尖长度短，叶缘尖锯齿，叶缘起伏中，叶柄长度 4.53cm，叶片长度/叶柄长度 2.06，叶柄蜜腺数 3~6 个；初花期 3 月中旬，花瓣单瓣；单果重 71.5g，果实卵圆形，果实纵径 5.46cm，侧径 5.38cm，横径 4.65cm，纵径/横径 1.17，侧径/横径 1.16，果实较对称，缝合线浅，梗洼深，果顶圆凸，有小果顶尖，果面光滑，果皮有茸毛，有光泽（图 4-20）；果实底色橙黄，果实着色面积很小，果实着色类型红，果实着色浅，果实着色样式斑点；果肉颜色橙黄，口味甜带微酸，质地细腻，果肉纤维少，果实香气弱，果实汁液少，可溶性固形物含量 12.3%，离核；鲜核重 3.94g，果核椭圆形，鲜核仁重 1.25g，核仁 80% 饱满。果实成熟期早。

杏种质 J35 在山东省果树研究所万吉山试验基地于 2017 年 5 月 18 日成熟。

图 4-20 种质 J35
（A.果实；B.果实纵剖面；C.种子；D.种仁）

三、一串黄（早熟杏）

来源 '一串黄'是苑克俊自山东省泰安市岱岳区夏张镇农户果园采集的品种。

特征特性 植株一年生枝阳面红褐色；叶片长度 10.79cm（中），宽度 8.46cm（窄），长度/宽度 1.28（中），叶表的绿色程度中，叶基钝圆形，叶片尖端夹角中等钝角或锐角，叶尖长度中，叶缘圆锯齿，叶缘起伏中，叶柄长度 4.30cm，叶片长度/叶柄长度 2.51，叶柄蜜腺数 2~6 个；初花期 3 月中旬，花瓣单瓣；单果重 33.1g，果实圆形，纵径 4.55cm，侧径 4.56cm，横径 4.72cm，纵径/横径 0.97，侧径/横径 0.97，果实较对称，缝合线浅，梗洼中或深，果顶平，有果顶尖，果面光滑，果皮有茸毛，果皮光泽弱（图 4-21）；果实底色黄，着色面积很小，着色类型红，着色深浅中，着色样式斑点；果肉颜色黄，质地中，纤维多，果实硬度软，香气中，汁液中，可溶性固形物含量 10.1%，半离核；果核卵圆形，鲜核重 1.6g，核仁苦味中，鲜核仁重 0.57g，核仁饱满程度 100%。果实成熟期很早。

'一串黄'杏在山东省果树研究所万吉山试验基地于 2022 年 5 月 20 日左右成熟。在山东省泰安市岱岳区夏张镇于 2018 年 5 月 15 日左右成熟。

图4-21 '一串黄'
（A.果实；B.种子；C.结果状况；D.叶片）

附图

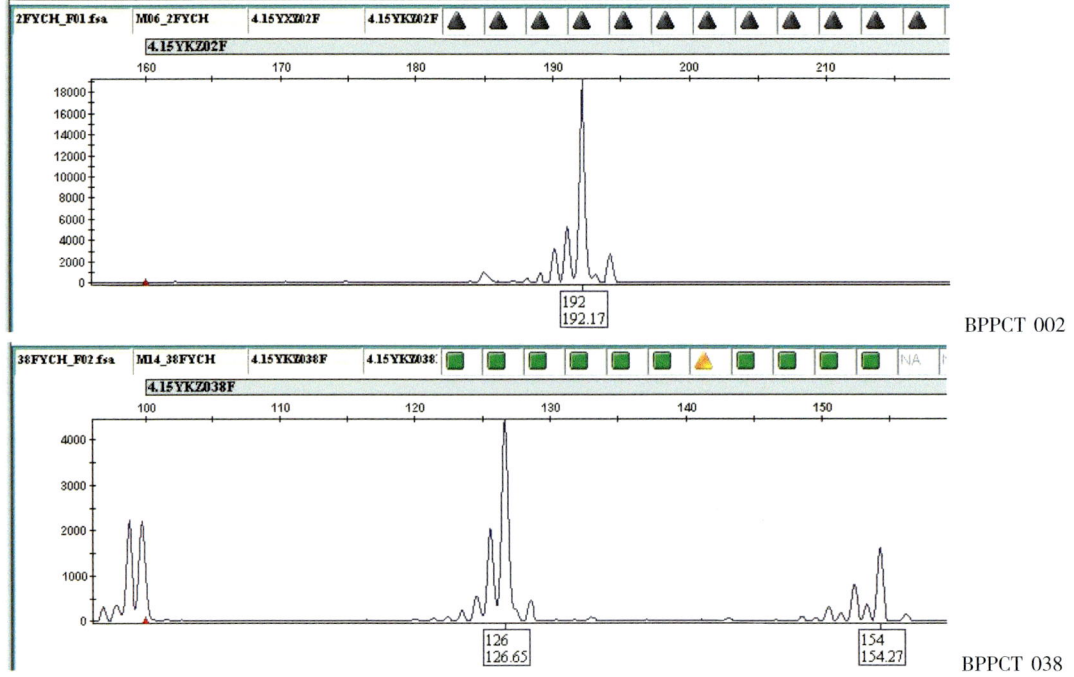

BPPCT 002

BPPCT 038

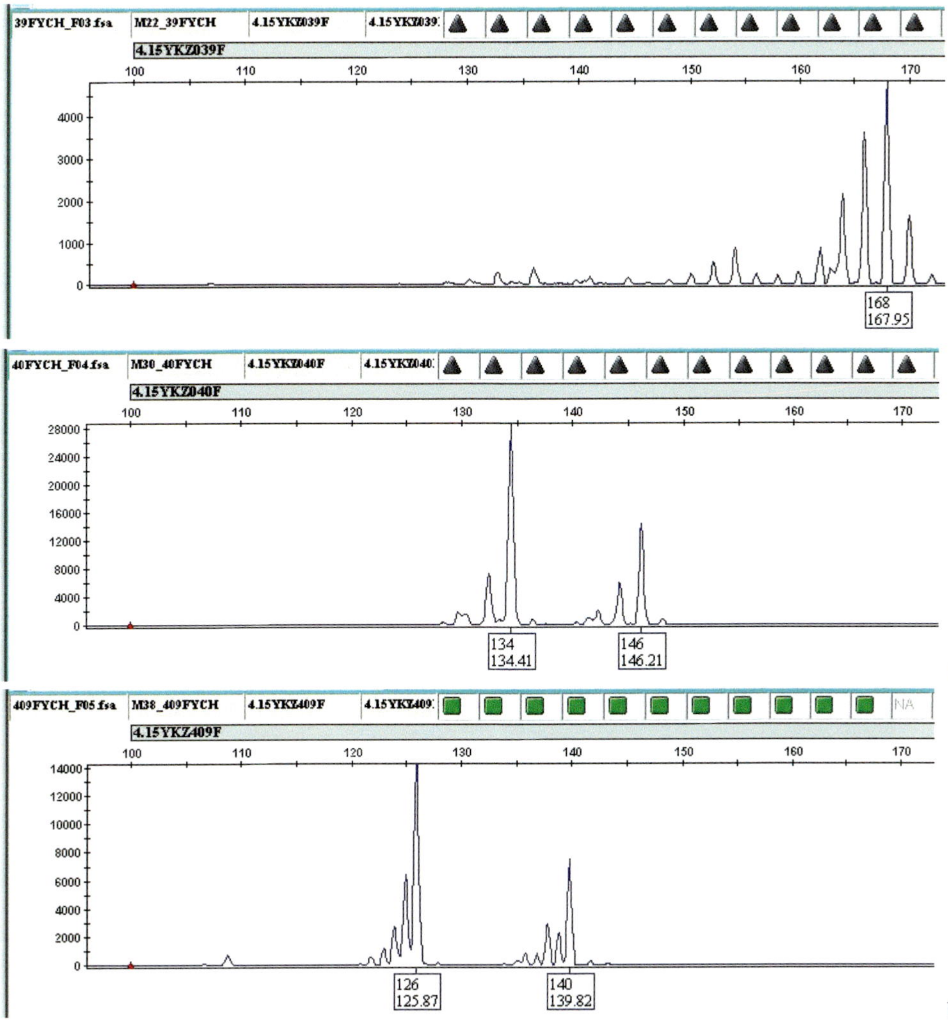

BPPCT 039

BPPCT 040

UDP98-409

附图　‘一串黄’不同标记的分子图谱

四、红光（早熟杏）

来源　‘红光’是自山东天地园艺公司购买苗木定植的杏种质。

特征特性　植株生长势强，树姿开张，成枝能力 56.7%，一年生枝阳面红褐色；叶片长度 8.22cm，宽度 6.32cm，长度 / 宽度 1.30，叶片的绿色程度浅，叶基钝圆形，叶片尖端夹角锐角，叶尖长度中，叶缘圆锯齿，叶缘起伏中，叶柄长度 3.78cm，叶片长度 / 叶柄长度 2.18，叶柄蜜腺数 1~4 个；初花期 3 月中旬，花瓣单瓣；单果重 43.7g，果实圆形，纵径 4.55cm，侧径 4.40cm，横径 4.00cm，纵径 / 横径 1.14，侧径 / 横径 1.10，果实较对称，缝合线浅，梗洼深，果顶平，无果顶尖，果面较光滑，果皮有茸毛，果皮光泽弱（图 4-22）；果实底色橙黄，着色面积中，着色类型红，着色中，着色样式斑点或片状；果肉颜色橙黄，质地粗糙，纤维少，果实香气弱，汁液少，可溶性固形物含量17.6%，离核；果核形状卵圆，鲜核重3.08g，核仁苦，鲜核仁重1.0g，核仁80%饱满。果实成熟期早。

'红光'杏在山东省果树研究所万吉山试验基地于5月20日左右成熟。

图4-22 '红光'
（A.果实；B.种子；C.种仁；D.叶片）

五、早熟圆杏（早熟杏）

来源 '早熟圆杏'是苑克俊自泰安市岱岳区农户果园采集的杏种质。

特征特性 植株生长势强，树姿开张，成枝能力60%，一年生枝阳面红褐色；叶片长度8.50cm，宽度7.14cm，长度/宽度1.19，叶色中等绿，叶基钝圆形，叶片尖端锐角，叶尖长度短，叶缘圆锯齿，叶缘起伏中，叶柄长度3.82cm，叶片长度/叶柄长度2.23，叶柄蜜腺数1~5个；初花期3月中旬，花瓣单瓣，花径3.52cm；单果重86.4g，果实扁圆形，果实纵径4.99cm，侧径5.55cm，横径5.24cm，纵径/横径0.95，侧径/横径1.06，果实对称，缝合线浅，梗洼中或深、阔，果顶凹，无果顶尖，果面光滑，果皮有茸毛，有光泽（图4-23）；果实底色橙黄，着色面积小，着色类型红，着色浅，着色样式片状；果肉颜色橙黄，口味甜，质地细腻，纤维少，香气无，汁液中或多，可溶性固形物含量13.4%，半离核；果核卵圆形，核仁苦，鲜核仁重0.88g，核仁饱满。果实成熟期早。

'早熟圆杏'在山东省果树研究所万吉山试验基地于2017年5月20日左右成熟。主要特点是疏果时易引起落果。

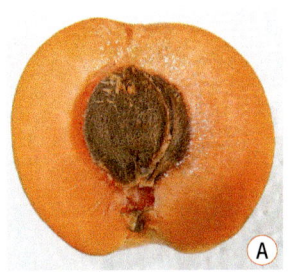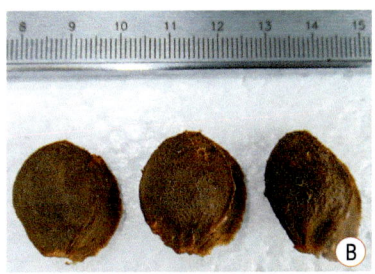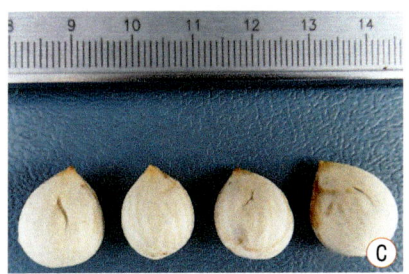

图 4-23 '早熟圆杏'
（A. 果实纵剖面；B. 种子；C. 种仁）

六、红丰（早熟杏）

来源 '红丰'是苑克俊自泰安市岱岳区农户果园采集的杏种质。

特征特性 植株生长势中，树姿开张，成枝能力44%，一年生枝阳面红褐色；叶片长度9.53cm，宽度7.17cm，长度/宽度1.33，叶色中等绿，叶基钝圆形，叶片尖端夹角锐角，叶尖长度中，叶缘尖锯齿，叶缘起伏中，叶柄长度4.88cm，叶片长度/叶柄长度1.95，叶柄蜜腺数2~3个；初花期3月中旬，花瓣单瓣，花径3.48cm；单果重48.3g，果实圆形，果实纵径4.39cm，侧径4.53cm，横径4.13cm，纵径/横径1.06，侧径/横径1.10，果实对称，缝合线中或深，梗洼深狭，果顶平，无果顶尖，果皮有茸毛（图4-24）；果实底色黄，着色面积较大，着色类型红，着色深，着色样式片状或细点；果肉颜色黄，质地细腻，纤维少，香气弱，汁液中或多，可溶性固形物含量12.9%，半离核；鲜核仁重0.82g，核仁饱满。果实成熟期早。

'红丰'杏在山东省果树研究所万吉山试验基地于5月21日成熟。主要特点是半离核。

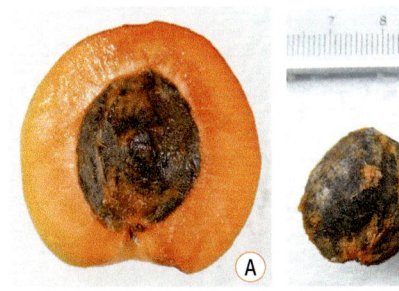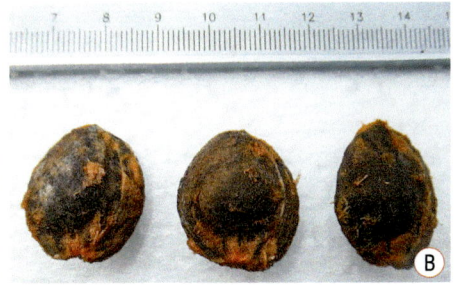

图 4-24 '红丰'
（A. 果实纵剖面；B. 种子；C. 种仁）

附图

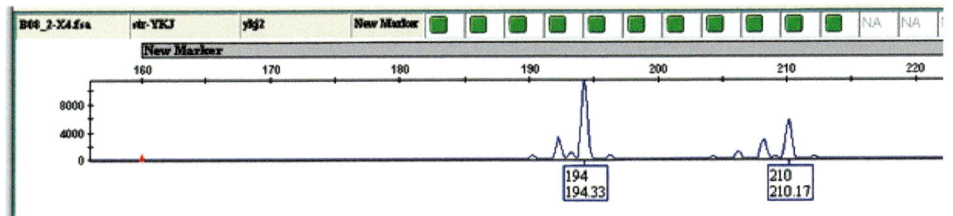

BPPCT 002

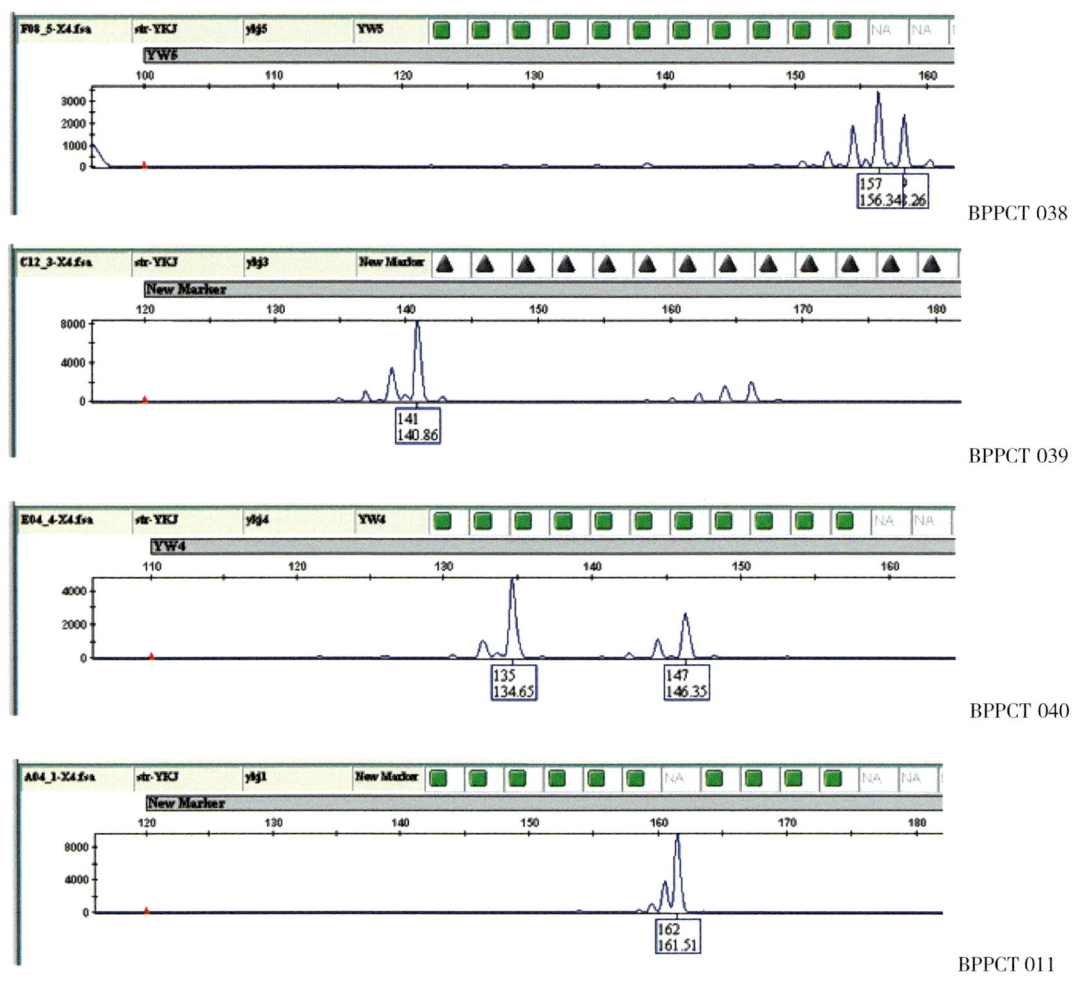

附图 '红丰'不同标记的分子图谱

七、红荷包（早熟杏）

来源 '红荷包'是苑克俊自泰安市岱岳区农户果园采集的品种。

特征特性 叶片长度9.60cm，宽度6.97cm，长度/宽度1.38，叶色绿，叶基钝圆形，叶片尖端夹角锐角，叶尖长度长，叶缘圆锯齿，叶缘起伏中，叶柄长度3.11cm，叶片长度/叶柄长度3.09，叶柄蜜腺数2~3个，叶形卵圆形；初花期晚，花瓣单瓣，花径3.21cm，花瓣下部白色；单果重41.2g，果实椭圆形，纵径4.63cm，侧径4.25cm，横径3.72cm，纵径/横径1.24，侧径/横径1.14，果实对称，缝合线浅，梗洼深，果顶平，微凹，无果顶尖，果皮有茸毛，光泽弱（图4-25）；果实底色黄，着色面积中，着色类型橙红，着色浅，着色样式斑点；果肉颜色黄，质地细腻，纤维少，果实硬度软，香气中或浓，汁液少，可溶性固形物含量14.4%，离核；果核卵圆形，核仁苦，鲜核仁重0.73g，饱满核仁33%。果实成熟期早。

'红荷包'杏在山东省果树研究所万吉山试验基地于2022年5月22日成熟。

图 4-25 '红荷包'
（A.果实；B.果实纵剖面；C.种子；D.种仁；E.结果状况；F.叶片）

附图

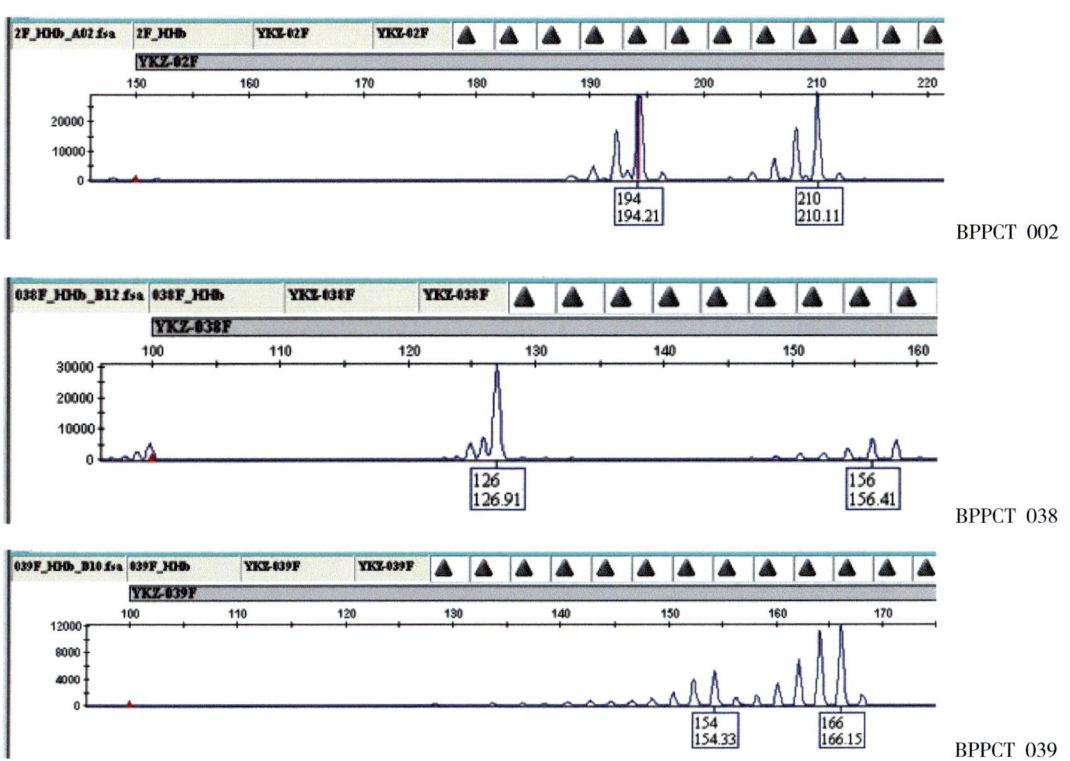

BPPCT 002

BPPCT 038

BPPCT 039

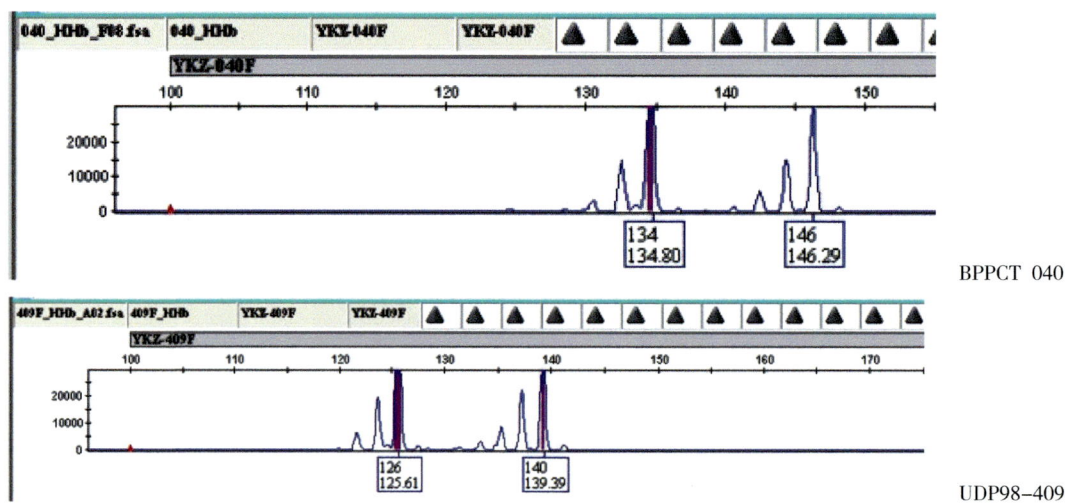

BPPCT 040

UDP98-409

附图 '红荷包'不同标记的分子图谱

八、二花槽（早熟杏）

来源 '二花槽'是苑克俊自泰安市岱岳区农户果园采集的品种。

特征特性 植株生长势强，树姿开张，成枝能力53%，一年生枝阳面红褐色；叶片长度9.02cm，宽度7.21cm，长度/宽度1.25，叶色中等绿，叶基钝圆形，叶片尖端夹角锐角，叶尖长度短，叶缘圆锯齿，叶缘起伏强，叶柄长度3.83cm，叶片长度/叶柄长度2.36，叶柄蜜腺数2~4个；初花期3月中旬，花瓣单瓣，花径3.17cm；单果重73.2g，果实圆形，果实纵径4.89cm，侧径5.17cm，横径4.95cm，纵径/横径0.99，侧径/横径1.04，果实对称，缝合线浅，梗洼深，果顶平，无果顶尖，果面光滑，果皮有茸毛；果实底色黄，着色面积较大，着色类型红，着色深，着色样式片状或细点；果肉颜色黄，质地细腻，纤维少，香气弱，汁液中多，可溶性固形物含量12.5%，半离核（图4-26）；果核卵圆形，核仁苦，鲜核仁重1.00g，核仁饱满。果实成熟期早。

'二花槽'杏在山东省果树研究所万吉山试验基地于2017年5月23日成熟。主要特点是半离核。

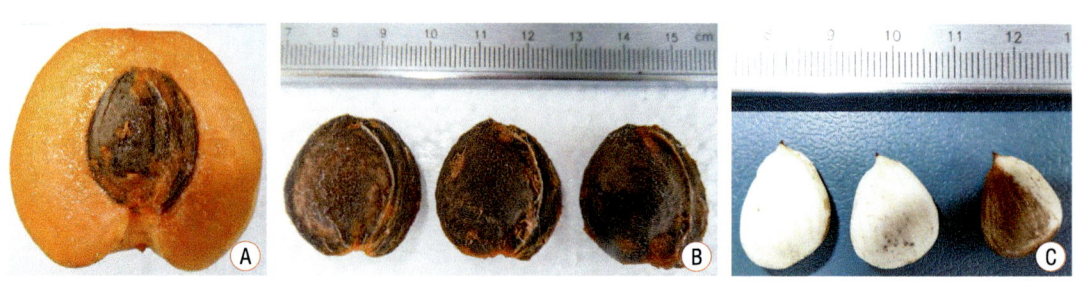

图4-26 '二花槽'
（A.果实纵剖面；B.种子；C.种仁）

附图

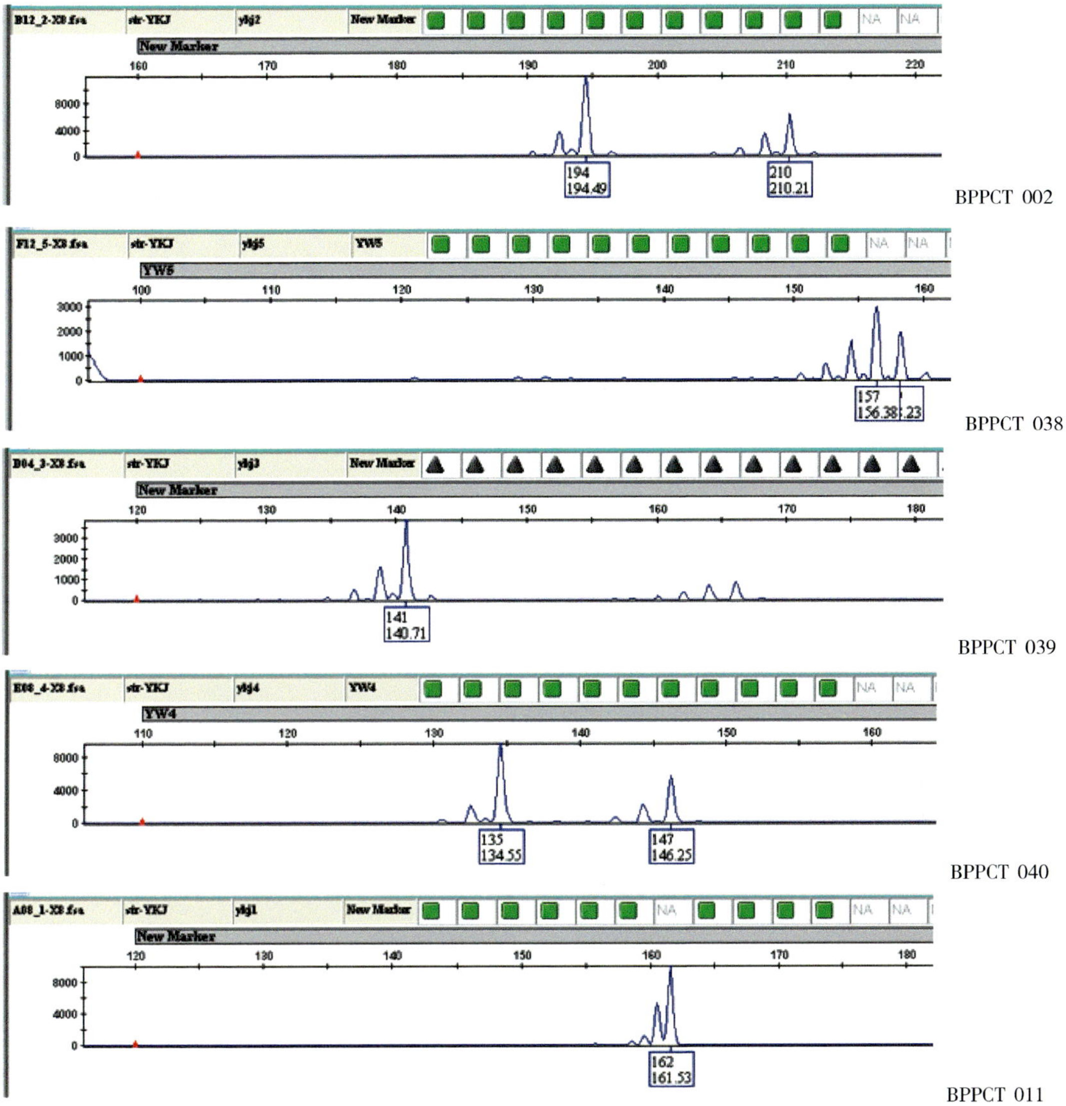
BPPCT 002
194
194.49
210
210.21
BPPCT 038
157
156.38
BPPCT 039
141
140.71
BPPCT 040
135
134.55
147
146.25
BPPCT 011
162
161.53

附图　‘二花槽’不同标记的分子图谱

第五节　中熟杏种质

该类种质包括：‘作石杏’（5 月 26 日成熟）、种质 J25（5 月 27 日成熟）、‘丰园红’（5 月 27 日成熟）、‘金太阳’（5 月下旬成熟）、‘金太阳变异’（5 月 30 日成熟）、‘巴丹杏’（5 月 28 日成熟）、种质 S50（5 月 28 日成熟）、种质 J87（5 月 28 日成熟）、‘苹果红杏’（5 月 28 日成熟）、‘红玉杏’（5 月 31 日成熟）、‘车头杏’（5 月 31 日成熟）、

'红太阳'（5月31日成熟）、'徂徕红杏'（5月31日成熟）、种质S169（5月31日成熟）、'玉巴丹'（6月3日成熟）、'大核杏'（6月6日成熟）。

一、作石杏（中熟杏）

来源 山东省果树研究所万吉山试验基地栽植的'作石杏'是苑克俊从青岛市崂山区采集。下述'作石杏'数据是在肥城市南台村调查获得。

特征特性 单果重45.2g，果实卵圆形，果实纵径4.42cm，侧径4.35cm，横径4.16cm，纵径/横径1.06，侧径/横径1.05，果实对称，缝合线浅，梗洼中或深，果顶平，无果顶尖，果面一般，果皮有茸毛，果皮光泽弱（图4-27）；果实底色黄，果实着色面积小，果实着色类型红，果实着色中，果实着色样式片状；果肉颜色橙黄，果肉质地细腻，口味甜，果肉纤维少，果实香气中，果实汁液少，可溶性固形物含量12.0%，离核；果核卵圆形，鲜核重2.28g，核仁苦，鲜核仁重0.85g，核仁100%饱满。果实成熟期中。

'作石杏'在山东省肥城市南台村于2020年5月26日左右成熟。

图4-27 '作石杏'
（A.果实；B.果实纵剖面；C.种子；D.种仁）

附图

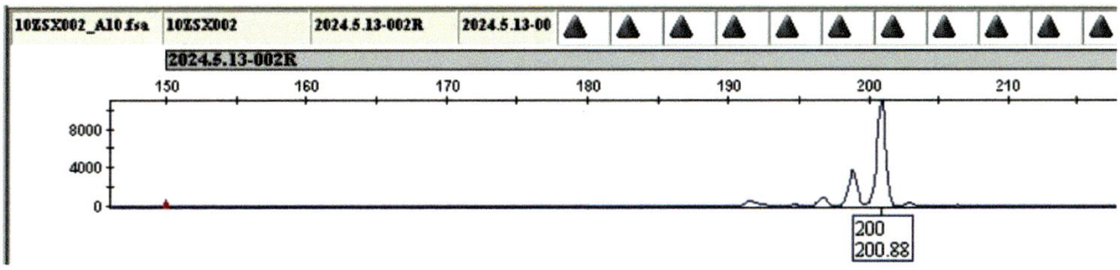

BPPCT 002

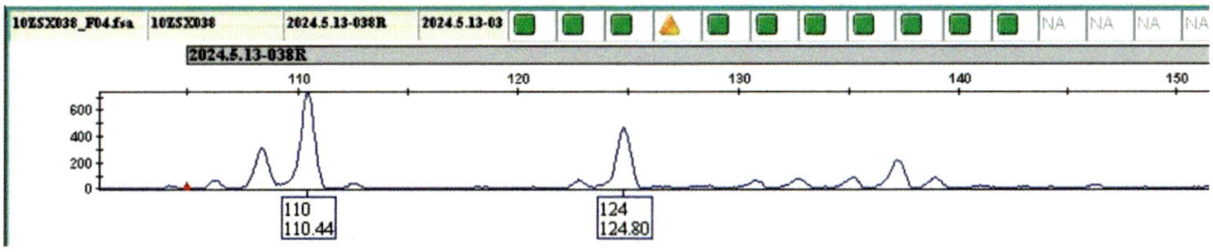

BPPCT 038

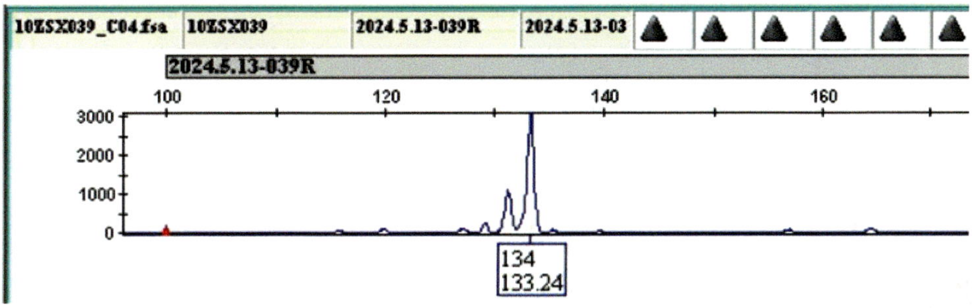

BPPCT 039

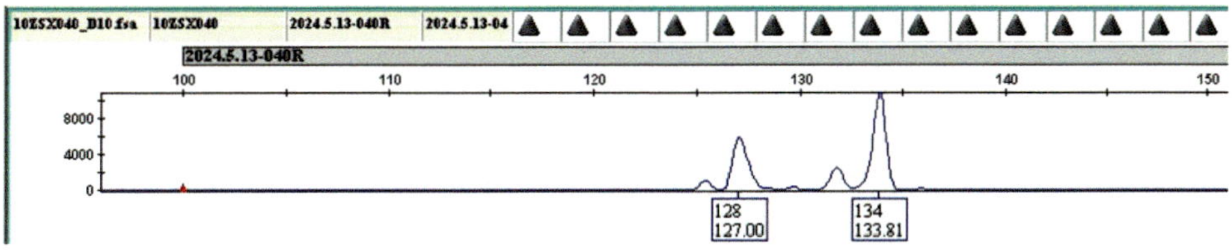

BPPCT 040

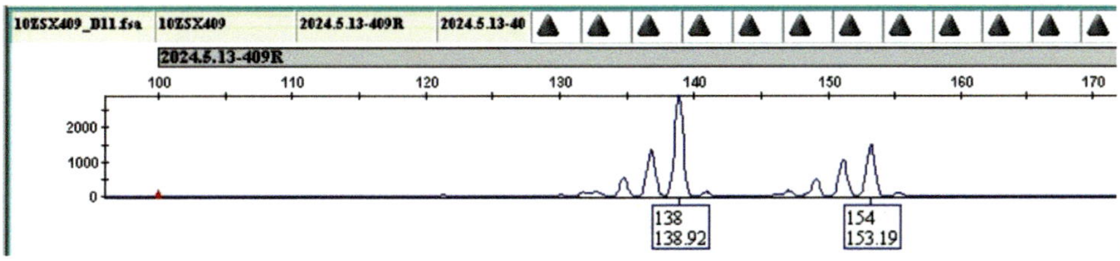

UDP98-409

附图 '作石杏'不同标记的分子图谱

二、种质 J25（中熟杏）

来源 种质 J25 是以'金太阳'为母本、'红荷包'为父本通过有性杂交育成的杏种质。2011 年杂交，当年将种子经过赤霉素处理和播种获得种苗；2012 年春季采集种苗枝条嫁接植株观察[1]。

特征特性 植株生长势中，树姿半开张，成枝能力55%，一年生枝阳面黄褐色；叶片长度10.76cm，宽度9.47cm，长度/宽度1.14，叶色中深，叶基平圆形，叶片尖端夹角中等钝角，叶尖长度中，叶缘尖锯齿，叶缘起伏中，叶柄长度3.71cm，叶片长度/叶柄长度2.90，叶柄蜜腺数3~6个；初花期3月中旬，花瓣单瓣，花径3.36cm；单果重66.7g，果实扁圆形，果实纵径4.83cm，侧径5.44cm，横径4.59cm，纵径/横径1.05，侧径/横径1.18，果实对称，缝合线浅，梗洼浅，果顶平，无果顶尖，果皮有茸毛（图4-28）；果实底色绿黄，果实着色面积小，果实着色类型红，果实着色浅，果实着色样式片状或细点；果肉颜色橙黄，口味甜、微酸，果肉质地细腻，果肉纤维少，果实香气中，果实汁液少，可溶性固形物含量15.3%，离核；果核圆形，核仁苦，鲜核仁重1.04g，核仁100%饱满。果实成熟期中。

J25杏在山东省果树研究所万吉山试验基地于2017年5月27日左右成熟。J25杏主要特点是枝条开张角度大，果实扁圆形。

图4-28　种质J25
（A.果实；B.果实纵剖面；C.种子；D.种仁）

三、丰园红（中熟杏）

来源 '丰园红'是用'开园'交换获得接穗嫁接的杏种质。

特征特性 植株生长势强，树姿开张，成枝能力37.7%；花芽主要在花束状结果枝和一年生枝上，一年生枝阳面红褐色；叶片长度9.12cm，宽度7.9cm，长度/宽度1.15，叶色深绿，叶基楔形，叶片尖端夹角锐角，叶尖长度短，叶缘尖锯齿，叶缘起伏中，叶柄长度4.18cm，叶片长度/叶柄长度2.18，叶柄蜜腺数1~3个；初花期晚，花瓣单瓣；单果重74.1g，果实圆形，纵径5.25cm，侧径5.18cm，横径4.92cm，纵径/

横径 1.07，侧径/横径 1.05，果实对称，缝合线浅，梗洼深，果顶圆凸，有果顶尖，果皮有茸毛，光泽中（图 4-29）；果实底色绿黄，着色面积中，着色类型红，着色深，着色样式片状；果肉颜色黄，质地细腻，纤维少，果实硬度 5.76kg/cm²，香气无，汁液多，可溶性固形物含量 10.5%，离核；果核椭圆形，核仁甜，鲜核仁重 1.06g，饱满核仁 100%。果实成熟期中。

'丰园红'杏在山东省果树研究所万吉山试验基地于 2019 年 5 月 27 日成熟。

图 4-29　'丰园红'
（A. 果实；B. 果实纵剖面；C. 种子；D. 种仁；E. 叶片）

附图

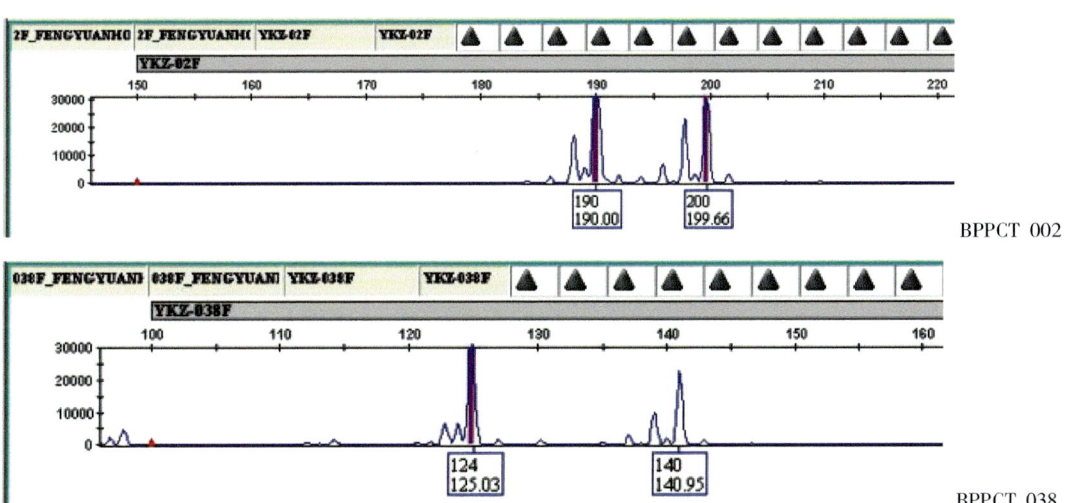

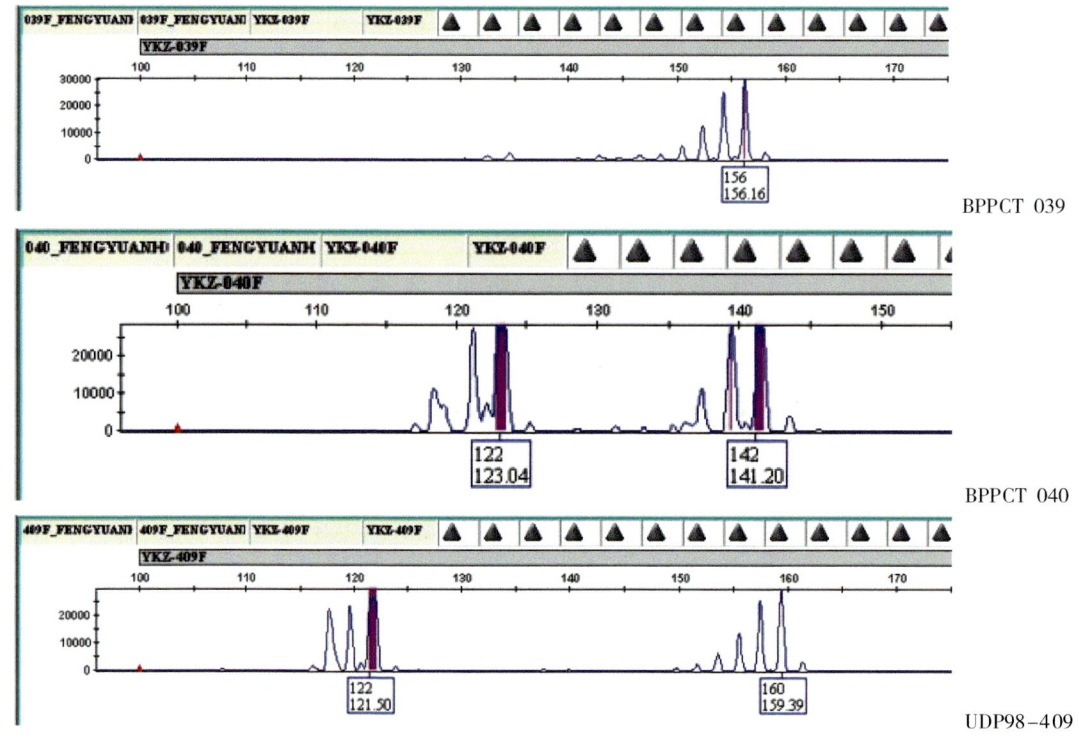

附图 '丰园红'不同标记的分子图谱

四、金太阳（中熟杏）

来源 '金太阳'是2011年山东省果树研究所万吉山试验基地建立杏园时已有的杏品种[4-5]，也有自泰安市岱岳区购买苗木定植的植株。

特征特性 植株生长势强，树姿开张，成枝能力56.7%，一年生枝阳面黄褐色；叶片长度8.81cm，宽度7.42cm，长度/宽度1.19，叶片的绿色程度中，叶基钝圆形，叶片尖端夹角锐角，叶尖长度中，叶缘尖锯齿，叶柄长度3.88cm，叶片长度/叶柄长度2.89，叶柄蜜腺数2~4个；初花期3月中旬，花瓣单瓣；单果重69.4g，果实卵圆形，纵径5.39cm，侧径5.19cm，横径4.76cm，纵径/横径1.13，侧径/横径1.09，果实对称，缝合线浅，梗洼中或深，果顶圆凸，无果顶尖，果面光滑，果皮有茸毛，果皮光泽弱（图4-30）；果实底色橙黄，着色面积很小；果肉颜色橙黄，质地细腻，果实硬度3.26kg/cm^2，香气无或弱，汁液多，可溶性固形物含量13.6%，离核；果核形状椭圆，鲜核重3.4g，核仁苦，鲜核仁重1.12g，核仁100%饱满。果实成熟期中。

'金太阳'杏在山东省果树研究所万吉山试验基地于5月下旬成熟。

图4-30 '金太阳'
（A.果实；B.果实纵剖面；C.种子；D.种仁；E.叶片）

附图

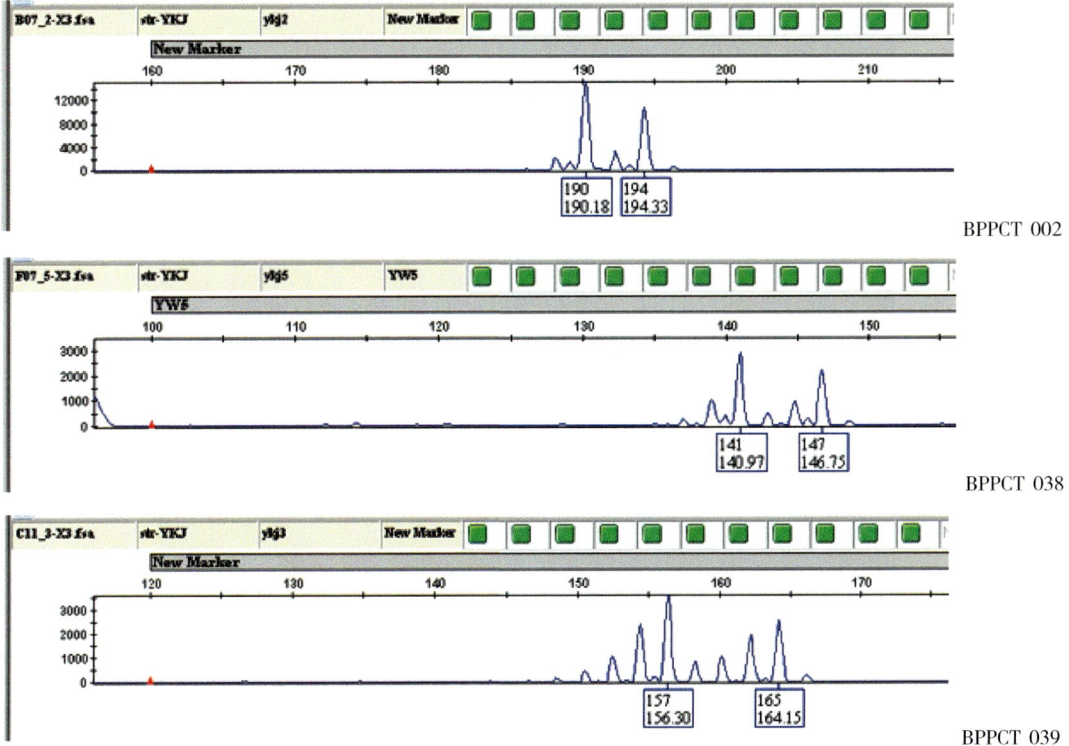

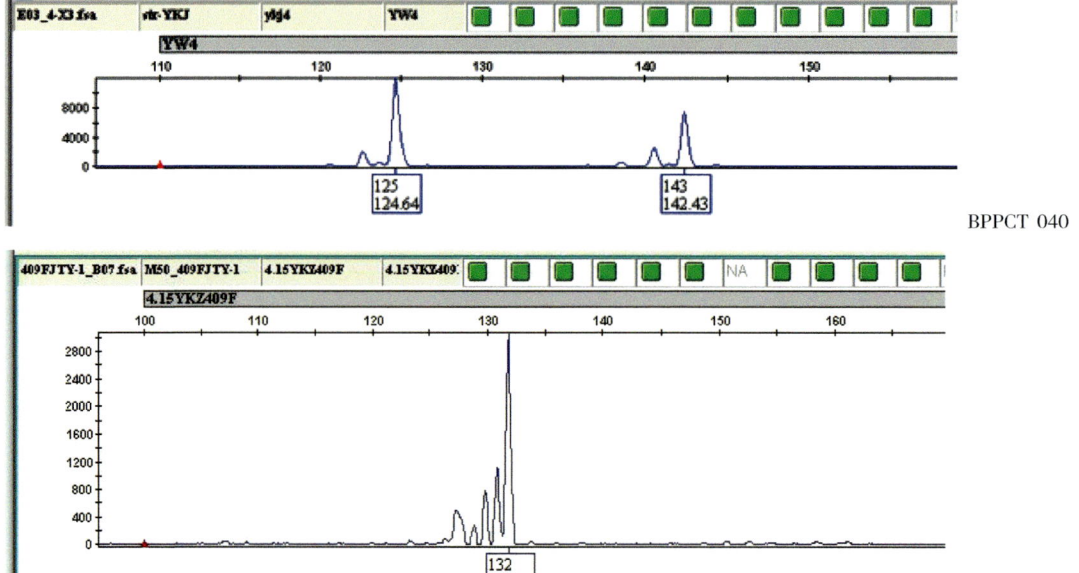

附图 '金太阳'不同标记的分子图谱
（其中 BPPCT 039 引自文献 [6]）

五、金太阳变异（中熟杏）

来源 '金太阳变异'是从杏园'金太阳'植株中选出的种质，调查时以'新太阳'名称记录。

特征特性 植株生长势强，树姿开张，成枝能力 53.6%，一年生枝阳面黄褐色；叶片长度 8.95cm，宽度 7.59cm，长度/宽度 1.18，叶片的绿色程度中，叶基心形，叶片尖端夹角锐角，叶尖长度短，叶缘尖锯齿，叶柄长度 3.33cm，叶片长度/叶柄长度 2.69，叶柄蜜腺数 5~7 个；初花期 3 月中旬，花瓣单瓣；单果重 60.5g，果实椭圆形，纵径 5.07cm，侧径 4.98cm，横径 4.55cm，纵径/横径 1.11，侧径/横径 1.09，果实对称，缝合线浅，梗洼浅，果顶圆凸或平，无果顶尖，果皮有茸毛，果皮有光泽（图 4-31）；果实底色橙黄，着色面积小；果肉颜色橙黄，质地细腻，果肉纤维少，香气无，汁液多，可溶性固形物含量 12.8%，离核；果核形状椭圆，鲜核重 3.2g，核仁苦，鲜核仁重 1.24g，核仁 100% 饱满。果实成熟期中。

'金太阳变异'杏在山东省果树研究所万吉山试验基地于 5 月 30 日成熟，其显著特点是主枝自然开张角度大。

第四章 杏育种种质的收集和调查

图4-31 '金太阳变异'
（A.果实；B.果实纵剖面；C.种子；D.种仁；E.结果状况）

附图

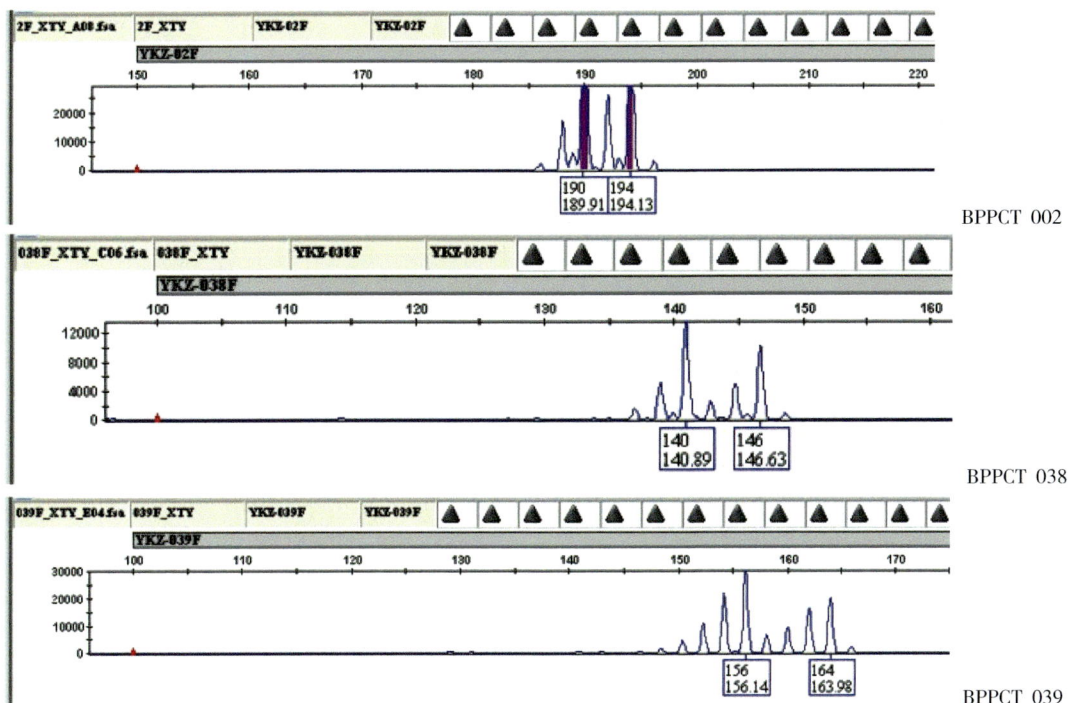

BPPCT 002

BPPCT 038

BPPCT 039

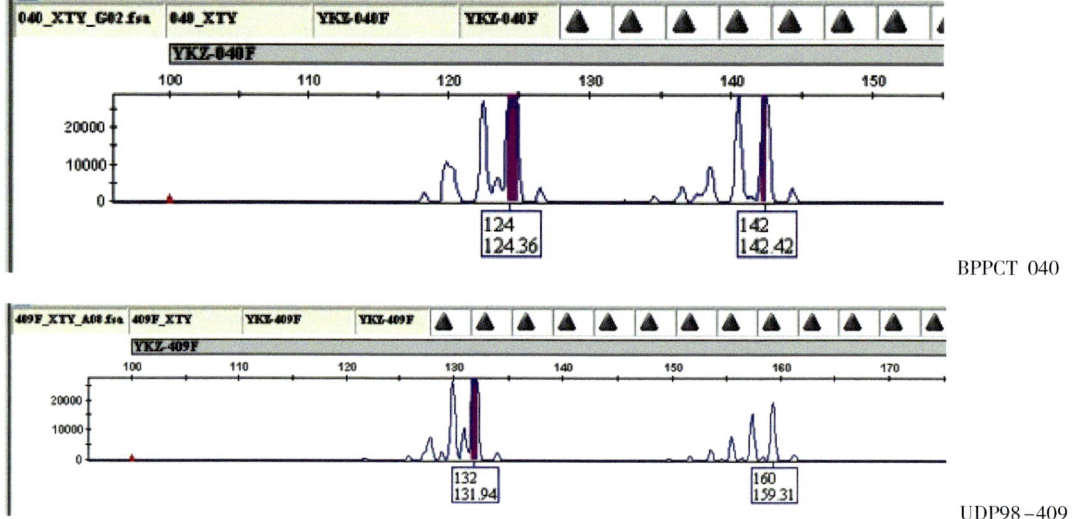

附图 '金太阳变异'不同标记的分子图谱

六、巴丹杏（中熟杏）

来源 '巴丹杏'是苑克俊和李圣龙自泰安市东部岱岳区农户果园采集的杏种质，农户称呼'红巴丹'。

特征特性 植株生长势强，树姿开张，成枝能力29%，一年生枝阳面黄褐色；叶片长度8.43cm，宽度7.67cm，长度/宽度1.10，叶片的绿色程度中，叶基钝圆形，叶片尖端夹角锐角，叶尖长度短，叶缘圆锯齿，叶缘起伏弱，叶柄长度3.48cm，叶片长度/叶柄长度2.42，叶柄蜜腺数2~3个；初花期3月中旬，花瓣单瓣；单果重90.6g，果实椭圆形，纵径5.52cm，侧径5.60cm，横径5.28cm，纵径/横径1.05，侧径/横径1.06，果实对称，缝合线浅，梗洼深，果顶平，无果顶尖，果皮有茸毛（图4-32）；果实底色绿黄，着色面积小，果实着色类型红，果实着色浅，果实着色样式斑点；果肉颜色橙黄，质地细腻，纤维中，香气无，汁液多，可溶性固形物含量14.8%，离核；果核形状椭圆或卵圆，鲜核重3.6g，核仁甜，鲜核仁重1.16g，核仁67%饱满。果实成熟期中。

'巴丹杏'在山东省果树研究所万吉山试验基地于5月28日左右成熟。

图 4-32 '巴丹杏'
（A. 果实；B. 果实纵剖面；C. 种子；D. 种仁；E. 叶片）

附图

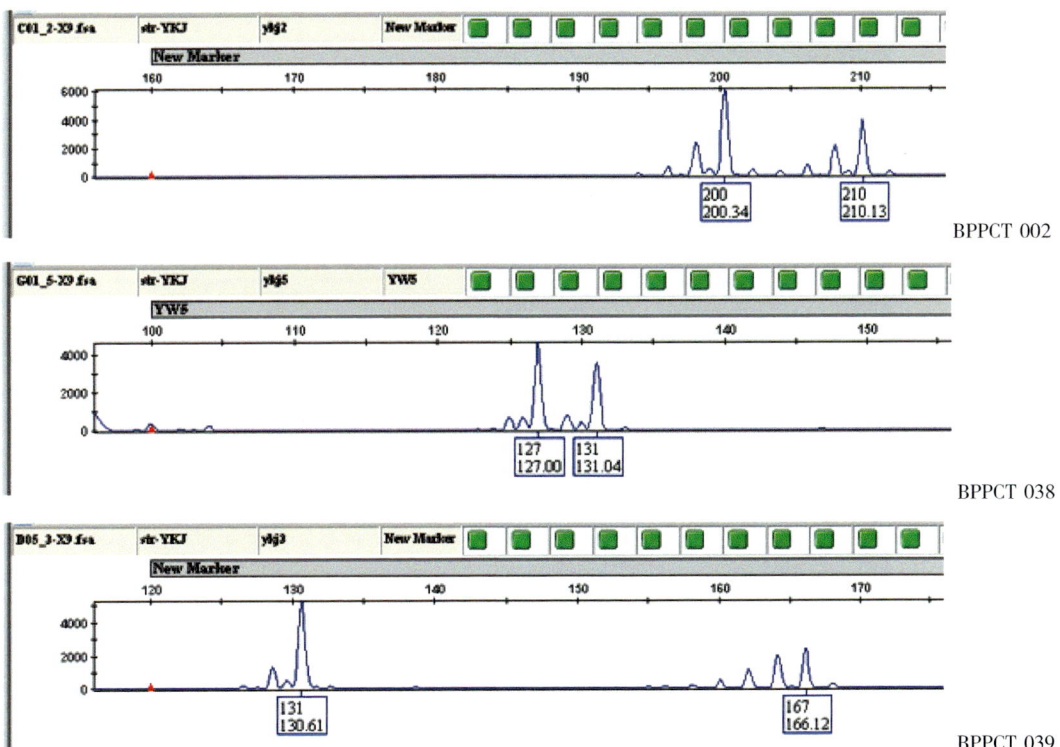

BPPCT 002

BPPCT 038

BPPCT 039

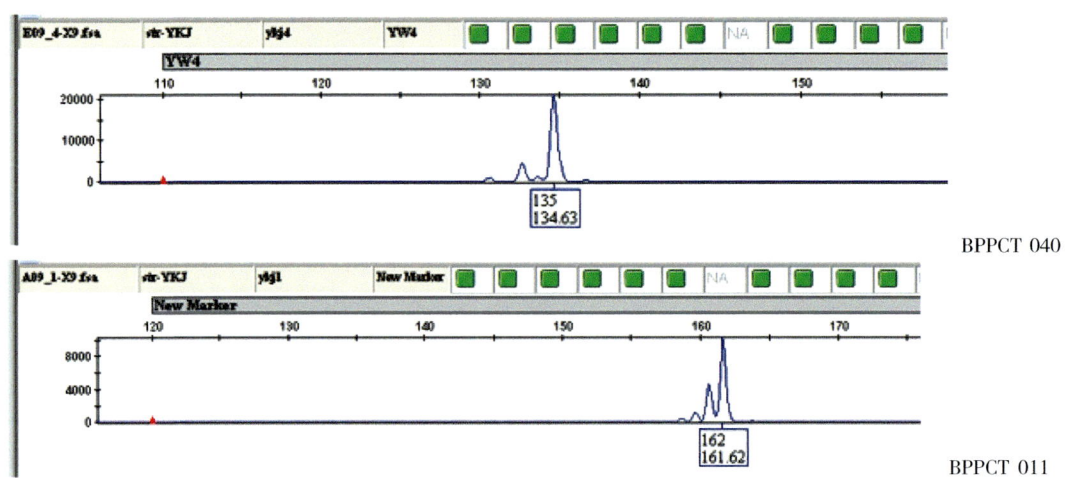

附图 '巴丹杏'不同标记的分子图谱

七、种质 S50（中熟杏）

来源 种质 S50 杏是从种子实生后代中选出的中熟杏种质。

特征特性 植株生长势中，树姿开张，成枝能力37%，一年生枝阳面黄褐色；叶片长度8.57cm，宽度6.84cm，长度/宽度1.25，叶色中或深，叶基钝圆形，叶片尖端夹角锐角，叶尖长度短，叶缘钝锯齿，叶缘起伏中，叶柄长度3.40cm，叶片长度/叶柄长度2.52，叶柄蜜腺数1~2个；初花期3月中旬，花瓣单瓣，花径3.48cm；单果重60.8g，果实椭圆形，缝合线侧肩高，果实纵径5.18cm，侧径5.06cm，横径4.46cm，纵径/横径1.16，侧径/横径1.13，果实对称，缝合线浅，梗洼中或深，果顶平，无果顶尖，果皮有茸毛，有光泽（图4-33）；果实底色绿黄，果实着色面积小，果实着色类

图 4-33 种质 S50
（A.果实；B.果实纵剖面；C.种子；D.种仁）

型红，果实着色浅，果实着色样式片状；果肉颜色橙黄，果肉质地细腻，果肉纤维少，口味甜，果实香气无，果实汁液少，可溶性固形物含量 12.0%，离核；果核卵圆形，鲜核仁重 0.84g，核仁 100% 饱满。果实成熟期中。

杏种质 S50 在山东省果树研究所万吉山试验基地于 2017 年 5 月 28 日成熟。S50 杏主要特点是叶柄蜜腺数 1~2 个，果实椭圆形，缝合线侧肩高。

八、种质 J87（中熟杏）

来源 种质 J87 是通过杂交育种选出的中熟杏种质。

特征特性 植株生长势强，树姿开张，成枝能力 49%，一年生枝阳面红褐色；叶片长度 10.12cm，宽度 8.47cm，长度/宽度 1.19，叶色深，叶基钝圆形，叶片尖端夹角锐角，叶尖长度中，叶缘尖锯齿，叶缘起伏中，叶柄长度 3.29cm，叶片长度/叶柄长度 3.08，叶柄蜜腺数 1~2 个；初花期 3 月中旬，花瓣单瓣；单果重 104.1g，果实椭圆形，果实纵径 5.99cm，侧径 5.87cm，横径 5.50cm，纵径/横径 1.09，侧径/横径 1.07，果实对称，缝合线浅，梗洼阔深，果顶平，微凹，有小果顶尖，果面光滑，果皮有茸毛，有光泽（图 4-34）；果实底色绿黄，果实着色面积小，果实着色类型红，果实着色浅，果实着色样式片状；果肉颜色橙黄，口味甜、微酸，果肉质地细，果肉纤维少，果实香气弱，果实汁液多，可溶性固形物含量 11.9%，离核；果核椭圆形，鲜核仁重 0.80g，核仁 80% 饱满。果实成熟期早或中。

杏种质 J87 在山东省果树研究所万吉山试验基地于 2017 年 5 月 28 日成熟。

图 4-34 种质 J87
（A. 果实；B. 果实纵剖面；C. 种子；D. 种仁；E. 叶片）

附图

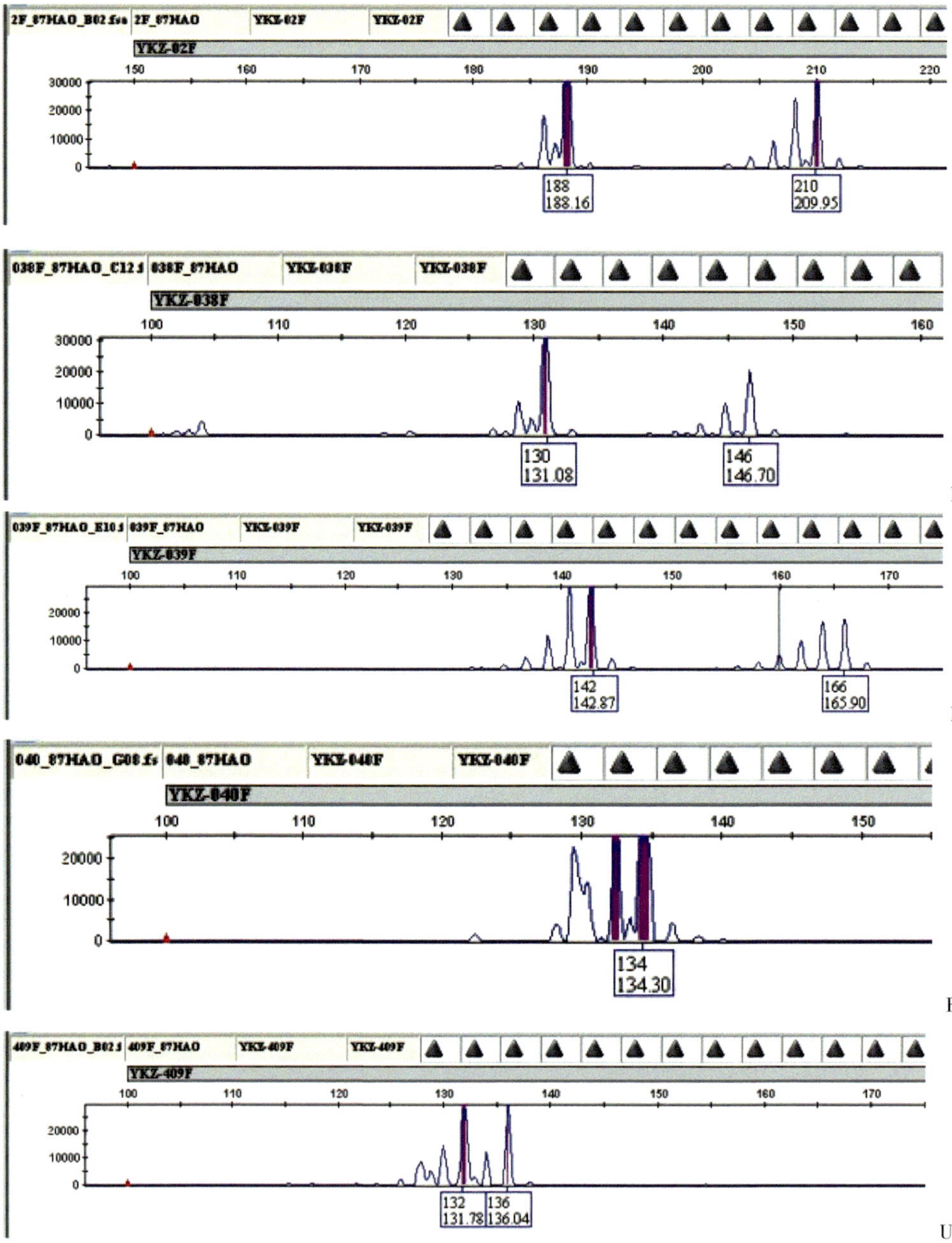

BPPCT 002

BPPCT 038

BPPCT 039

BPPCT 040

UDP98-409

附图 杏种质 J87 不同标记的分子图谱

九、苹果红杏（中熟杏）

来源 '苹果红杏'是苑克俊自新泰市外峪村方立章果园采集的中熟杏种质。

特征特性 初花期3月中旬，花瓣单瓣，花径3.0cm；单果重57.2g，果实卵圆形，果实纵径4.82cm，侧径4.80cm，横径4.40cm，纵径/横径1.10，侧径/横径1.09，果实不对称，缝合线中或深，梗洼深，果顶圆凸，无果顶尖，果面光滑，果皮有茸毛，果皮光泽强（图4-35）；果实底色淡黄，果实着色面积小，果实着色类型粉红，果实着色浅，果实着色样式片状或斑点；果肉颜色浅黄，果肉质地细腻，果肉纤维少，果实香气浓，果实汁液多，可溶性固形物含量14.8%，半离核；果核卵圆形，鲜核重3.52g，核仁苦，鲜核仁重0.94g，核仁100%饱满。果实成熟期中。

'苹果红杏'在山东省果树研究所万吉山试验基地于2020年5月28日成熟。

图4-35 '苹果红杏'
（A.果实；B.果实纵剖面；C.种子；D.种仁；E.花）

十、红玉杏（中熟杏）

来源 '红玉杏'是历史悠久的地方良种，由济南市林业和园林绿化局于婷娟提供的品种。

特征特性 植株生长势强，树姿开张，成枝能力强，一年生枝阳面红褐色；叶片长度10.42cm，宽度8.24cm，长度/宽度1.26，叶片的绿色深，叶基钝圆形，叶片尖端夹角中等钝角，叶尖长度短，叶缘圆锯齿，叶缘起伏弱，叶柄长度4.38cm，叶片长度/叶柄长度2.38，叶柄蜜腺数2~3个；花期3月中旬，花朵单瓣；单果重69.9g，果实圆形，果实纵径4.99cm，侧径5.37cm，横径4.69cm，纵径/横径1.06，侧径/横径1.14，果实较对称，缝合线浅，梗洼中或深，果顶平，无果顶尖，果面光滑，果皮有茸毛，果皮光泽弱（图4-36）；果实底色黄，果实着色面积小，果实着色类型橙红，果实着色浅，果实着色样式片状；果肉颜色橙黄，果肉甜，质地细腻，果肉纤维少，果实香气浓，果实汁液多，可溶性固形物含量17.4%，离核；果核椭圆形，鲜核重4.54g，鲜核仁重1.08g，核仁100%饱满。果实成熟期中。

'红玉杏'在山东省果树研究所万吉山试验基地于5月31日左右成熟。

图 4-36 '红玉杏'
（A. 果实；B. 果实纵剖面；C. 种子；D. 种仁）

附图

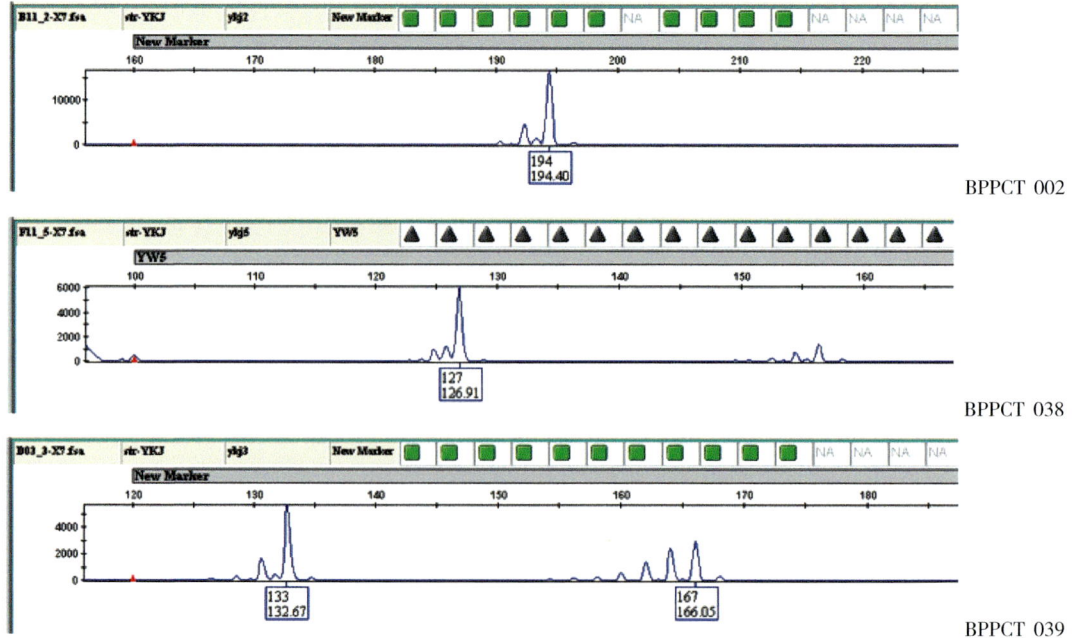

BPPCT 002

BPPCT 038

BPPCT 039

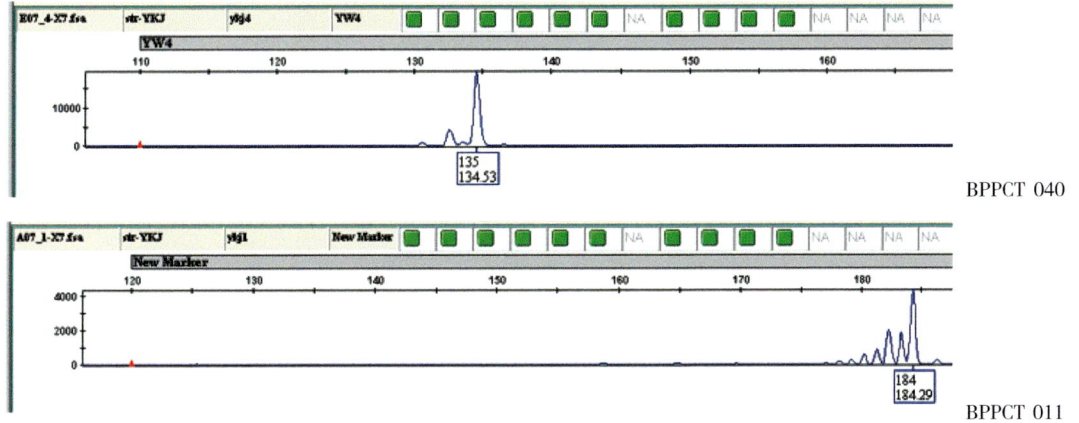

附图 '红玉杏'不同标记的分子图谱

十一、车头杏（中熟杏）

来源 '车头杏'是苑克俊自泰安市岱岳区采集的中熟杏种质。

特征特性 单果重75.3g，果实圆形，果实纵径5.08cm，侧径5.23cm，横径5.06cm，纵径/横径1.00，侧径/横径1.03，果实不对称，缝合线浅，梗洼中或深，果顶平，有小果顶尖，果面光滑，果皮有茸毛，果皮光泽中（图4-37）；果实底色绿黄，果实着色面积很小，果实着色类型红，果实着色中，果实着色样式片状或斑点；果肉颜色浅黄，果肉质地细腻，口味甜，果肉纤维少，果实香气中，果实汁液多，可溶性固形物含量13.4%，半离核；果核倒卵圆形，鲜核重4.72g，核仁苦，鲜核仁重1.34g，核仁100%饱满。果实成熟期中。

'车头杏'在山东省果树研究所万吉山试验基地于2020年5月31日成熟。

图4-37 '车头杏'
（A.果实；B.果实纵剖面；C.种子；D.种仁）

附图

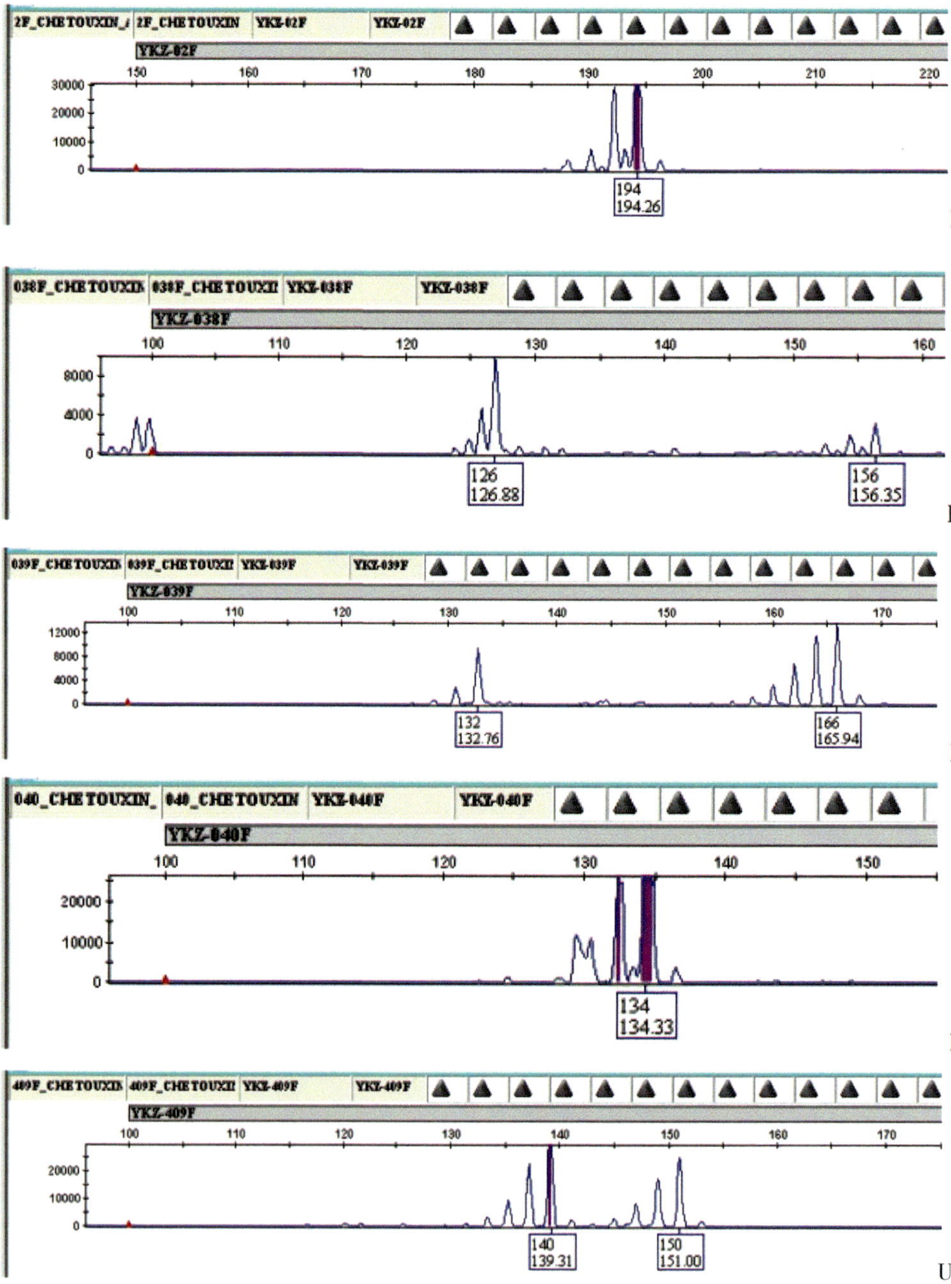

BPPCT 002

BPPCT 038

BPPCT 039

BPPCT 040

UDP98-409

附图 '车头杏'不同标记的分子图谱

十二、红太阳（中熟杏）

来源 '红太阳'是苑克俊、杨玉良自济宁市任城区采集的中熟杏种质。

特征特性 单果重53.4g，果实卵圆形或椭圆形，果实纵径4.83cm，侧径4.65cm，横径4.28cm，纵径/横径1.13，侧径/横径1.09，果实较对称，缝合线浅，梗洼中或深，果顶凹，有小果顶尖，果面光滑，果皮有茸毛，果皮光泽强（图4-38）；果实底色橙黄，果实着色面积很小，果实着色类型红，果实着色浅，果实着色样式片状或斑点；果肉颜色橙黄，果肉质地细腻，口味甜，果肉纤维少，果实香气无，果实汁液中多，可溶性固形物含量12.3%，离核；果核卵圆形，鲜核重2.62g，核仁苦，鲜核仁重0.76g，核仁100%饱满。果实成熟期中。

'红太阳'在山东省果树研究所万吉山试验基地于2020年5月31日成熟。

图4-38 '红太阳'
（A.果实；B.种子；C.种仁）

附图

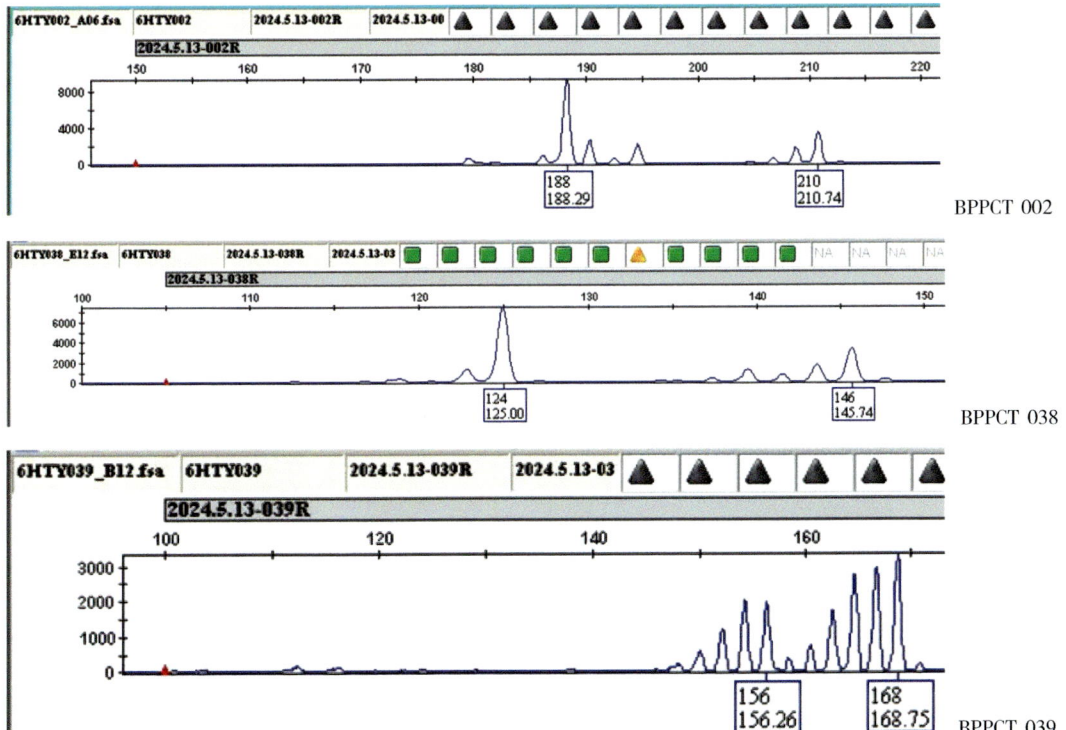

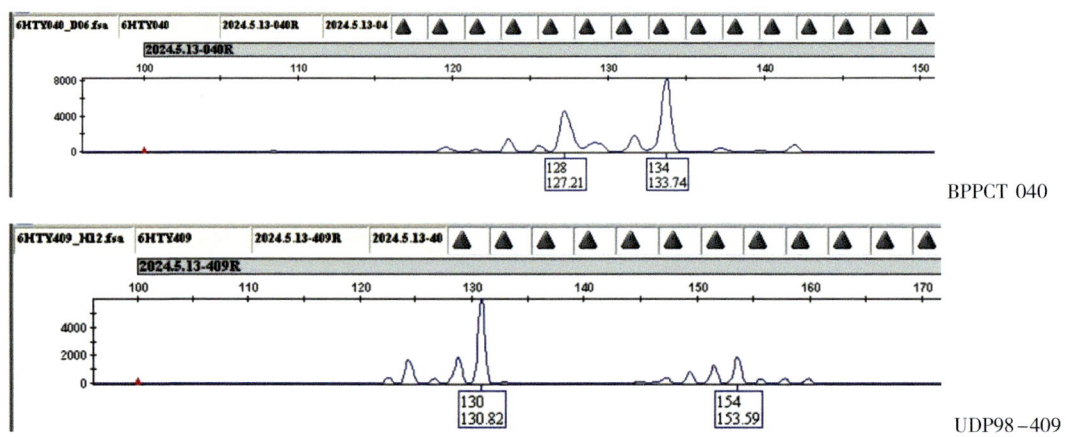

附图 '红太阳'不同标记的分子图谱

十三、徂徕红杏（中熟杏）

来源 '徂徕红杏'是苑克俊在山东省泰安市徂徕山林场采集的杏种质。

特征特性 植株生长势强，树姿开张，成枝能力30%；花芽主要在花束状结果枝和一年生枝上，一年生枝阳面红褐色；叶片长度8.44cm，宽度6.15cm，长度/宽度1.37，叶色中或深，叶基钝圆形，叶片尖端锐角，叶尖长度长，叶缘圆锯齿，叶缘起伏强，叶柄长度4.39cm长，叶片长度/叶柄长度1.92，叶柄蜜腺数2~4个；初花期3月中旬，花瓣单瓣；单果重39.6g，果实圆形，纵径3.99cm，侧径4.12cm，横径4.02cm，纵径/横径0.99，侧径/横径1.02，果实不对称，缝合线浅，梗洼深，果顶平，无果顶尖，果面光滑，果皮有茸毛（图4-39）；果实底色黄，着色面积50%，着色类型红，

图4-39 '徂徕红杏'
（A.果实；B.果实纵剖面；C.种子；D.种仁；E.果实结果状况；F.叶片）

着色样式片状；果肉颜色黄，质地中（绵），纤维少，果实硬度软，香气弱，汁液多，可溶性固形物含量16.5%，半离核；果核卵圆形，果核重2.70g，核仁苦，鲜核仁重0.76g，核仁100%饱满。果实成熟期晚。

'徂徕红杏'在山东省果树研究所万吉山试验基地不同年份均于5月31日成熟。

十四、种质S169（中熟杏）

来源 种质S169是从'金太阳'种子实生后代中选出的中熟杏种质。

特征特性 植株生长势中，树姿半开张，成枝能力74%，一年生枝阳面红褐色；叶片长度8.93cm，宽度8.04cm，长度/宽度1.11，叶色中或深，叶基平圆形，叶片尖端夹角锐角，叶尖长度中，叶缘尖锯齿，叶缘起伏中，叶柄长度4.13cm，叶片长度/叶柄长度2.16，叶柄蜜腺数3~4个；初花期3月中旬，花瓣单瓣；单果重59.7g，果实（扁）椭圆形，果实纵径4.92cm，侧径5.02cm，横径4.42cm，纵径/横径1.11，侧径/横径1.13，果实较对称，缝合线浅，梗洼狭深，果顶平，有果顶尖，果皮有茸毛（图4-40）；果实底色黄，果实着色面积较大，果实着色类型红，果实着色中或深，果实着色样式片状或细点；果肉颜色黄，果肉质地中，果肉纤维中，口味甜，果实香气无，果实汁液少，可溶性固形物含量15.7%，离核；果核椭圆形，鲜核仁重1.04g，核仁100%饱满。果实成熟期中。

S169杏在山东省果树研究所万吉山试验基地于2017年5月31日成熟。S169杏主要特点是着色中或深，果实汁液少、可溶性固形物含量高。

图4-40 种质S169
（A.果实；B.果实纵剖面；C.种子；D.种仁；E.叶片）

十五、玉巴丹（中晚熟杏）

来源 '玉巴丹'是苑克俊自泰安市岱岳区采集的中熟杏种质，调查时记为'巴丹玉杏'。

特征特性 单果重 77.2g，果实卵圆形，果实纵径 5.55cm，侧径 5.28cm，横径 4.99cm，纵径/横径 1.11，侧径/横径 1.06，果实不对称，缝合线浅，梗洼中或深，果顶平，无果顶尖，果面光滑，果皮有茸毛，果皮光泽中（图 4-41）；果实底色绿黄，果实着色面积无；果肉颜色橙黄，果肉质地细腻，口味甜酸，果肉纤维中，果实香气无，果实汁液少，可溶性固形物含量 14.2%，离核；果核卵圆形，鲜核重 3.62g，核仁苦味无，鲜核仁重 1.23g，核仁 80% 饱满。果实成熟期中晚。

'玉巴丹'在山东省果树研究所万吉山试验基地于 2020 年 6 月 3 日成熟。

图 4-41 '玉巴丹'
（A. 果实；B. 果实纵剖面；C. 种子；D. 种仁）

附图

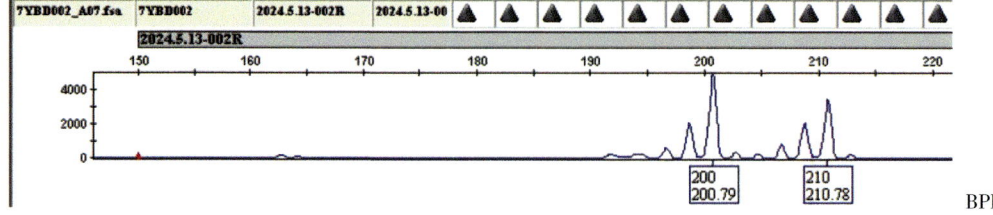

BPPCT 002

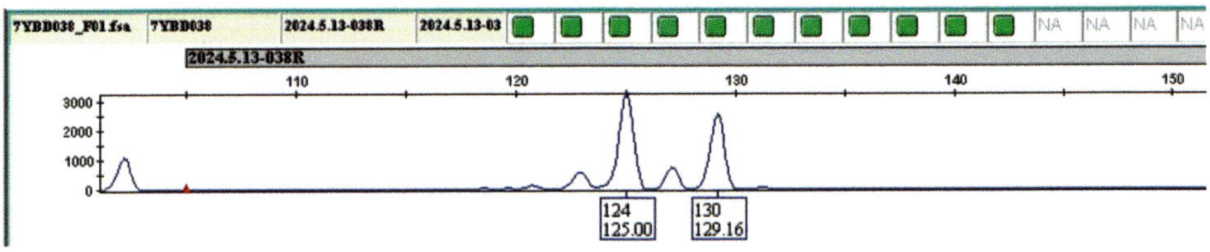

BPPCT 038

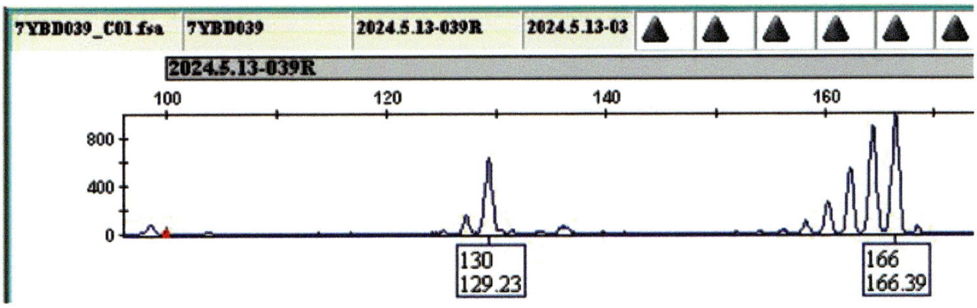

BPPCT 039

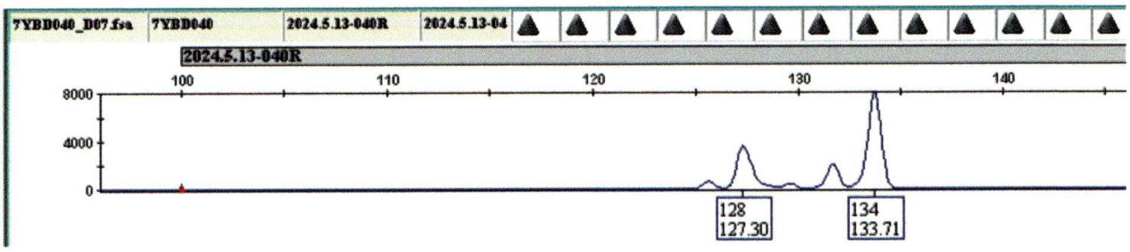

BPPCT 040

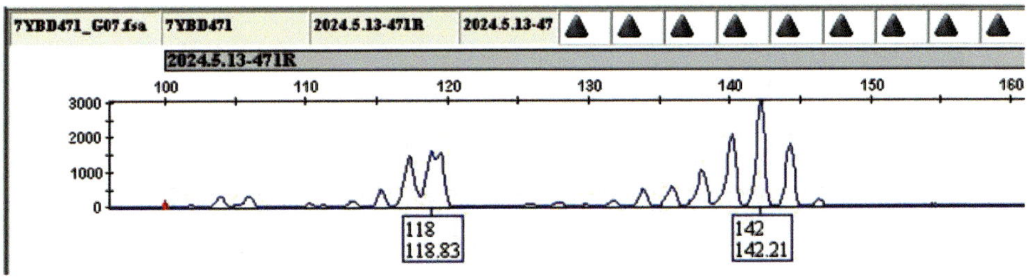

UDAp-471

附图 '玉巴丹'不同标记的分子图谱

十六、大核杏（中晚熟杏）

来源 '大核杏'是孙瑞红自甘肃省天水市采集提供的杏种质，甘肃省王玉安研究员认为是'张公园杏'。

特征特性 单果重92.0g，果实长圆形，果实纵径5.77cm，侧径5.63cm，横径5.19cm，纵径/横径1.11，侧径/横径1.08，果实不对称，缝合线浅，梗洼中或深，果顶凹，有小果顶尖，果面光滑，果皮有茸毛，果皮光泽强（图4-42）；果实底色绿黄，果实着色面积小，果实着色类型红，果实着色深，果实着色样式片状；果肉颜色淡黄，果肉质地细腻，口味甜，果肉纤维少，果实香气弱，果实汁液中或多，可溶性固形物含量11.5%，黏核；果核圆形，鲜核重10.5g，核仁苦味无，双核仁，鲜核仁重2.34g，各个核仁中等饱满。果实成熟期中晚。

'大核杏'在山东省果树研究所万吉山试验基地于2020年6月6日左右成熟。

杏 新品种选育

图 4-42 '大核杏'
（A.果实；B.果实纵剖面；C.种子；D.种仁）

附图

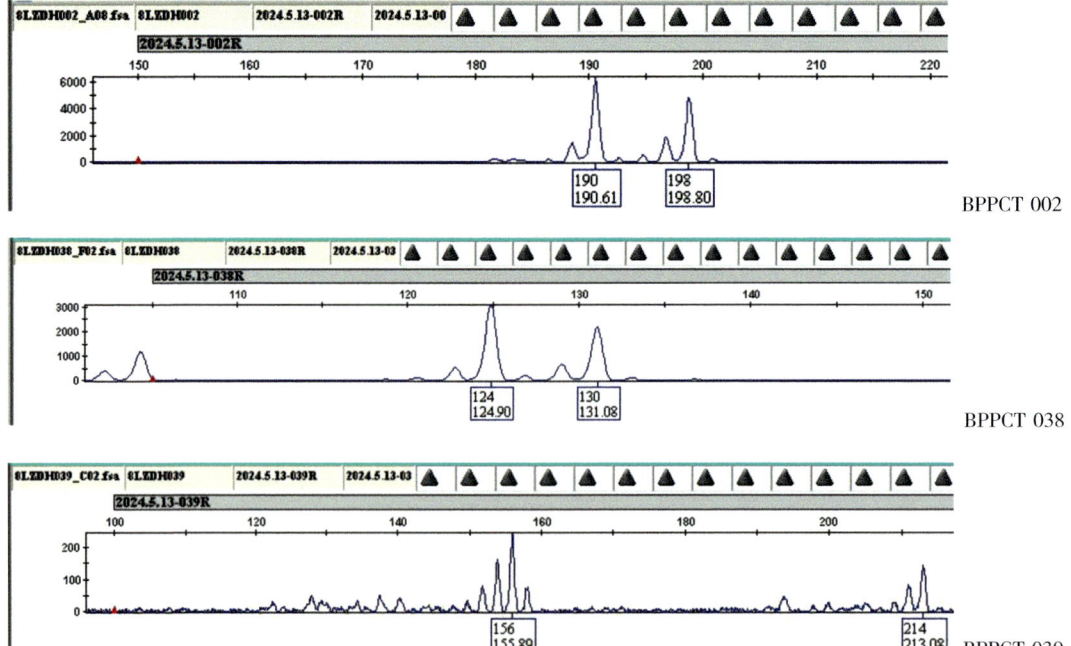

BPPCT 002

BPPCT 038

BPPCT 039

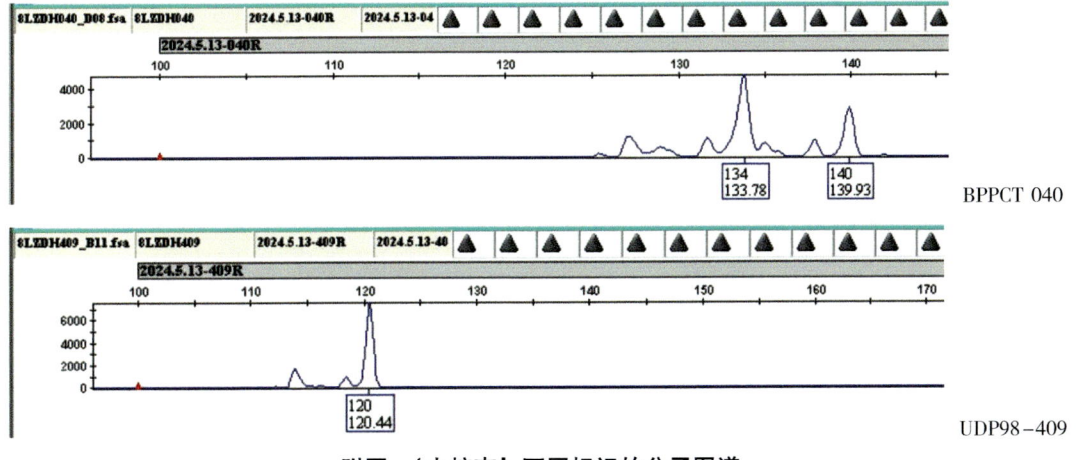

附图 '大核杏'不同标记的分子图谱

第六节 晚熟杏种质

该类种质包括：'凯特'（6月上旬成熟）、'泰安水杏'（6月8日成熟）、'红金臻'（6月11日成熟）、'大麦黄'（青岛6月16日成熟）、种质136（6月17日成熟）、'少山红'（青岛6月22日成熟）、'少山二号'（青岛6月22日成熟）、种质M1（6月22日成熟）、'色买提'（6月26日成熟）、种质S32（7月5日成熟）、'实生小杏'（7月5日成熟）、'北华'（8月2日成熟）、'豆瓣杏'（8月18日成熟）。

一、凯特（中晚熟杏）

来源 '凯特'是2011年山东省果树研究所万吉山试验基地建立杏园时已有的杏品种[7]，也有自泰安市岱岳区购买苗木定植的植株。

特征特性 植株生长势强，树姿开张，成枝能力55.5%，一年生枝阳面黄褐色；叶片长度10.27cm，宽度8.39cm，长度/宽度1.22，叶片的绿色程度中，叶基钝圆形，叶片尖端夹角中等钝角，叶尖长度中，叶缘尖锯齿，叶柄长度3.77cm，叶片长度/叶柄长度2.72，叶柄蜜腺数0~3个；初花期3月中旬，花瓣单瓣；单果重91.1g，果实椭圆形，纵径5.60cm，侧径5.60cm，横径5.25cm，纵径/横径1.07，侧径/横径1.07，果实较对称，缝合线浅，梗洼中或深，果顶平，无果顶尖，果面光滑，果皮有茸毛，果皮光泽弱（图4-43）；果实底色橙黄，着色面积小，果肉颜色绿黄，质地细腻，果实硬度1.88kg/cm^2，香气中，汁液多，可溶性固形物含量15.4%，离核；果核形状卵圆，鲜核重3.9g，核仁苦，鲜核仁重0.73g，核仁60%饱满。果实成熟期中。

'凯特'杏在山东省果树研究所万吉山试验基地于6月上旬成熟。

杏 新品种选育

图 4-43 '凯特'
（A. 果实；B. 果实纵剖面；C. 种子；D. 种仁）

附图

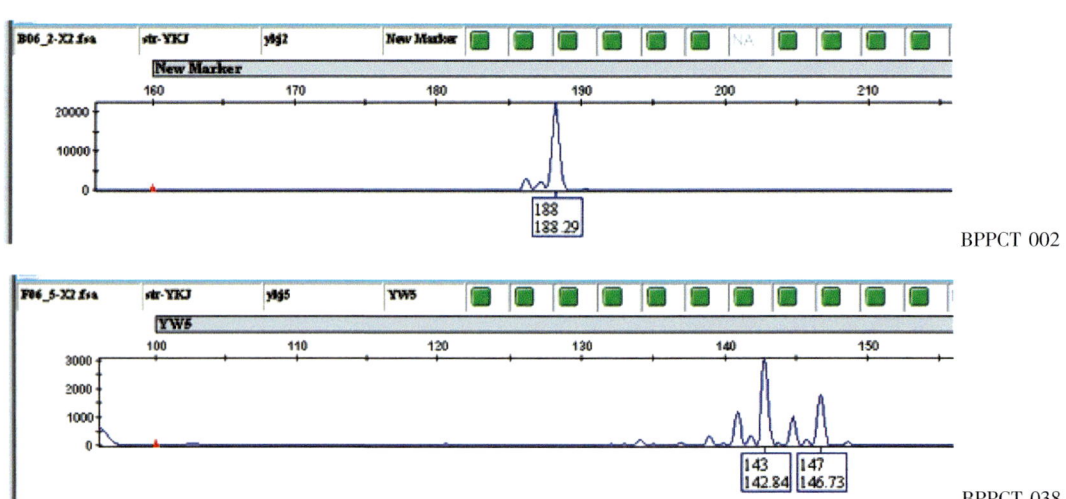

BPPCT 002

BPPCT 038

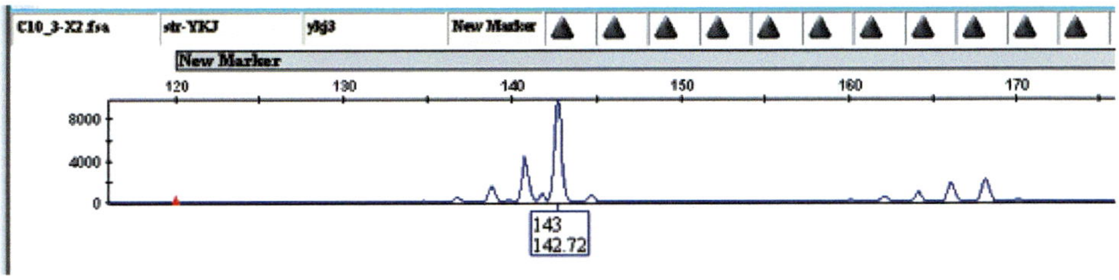

BPPCT 039

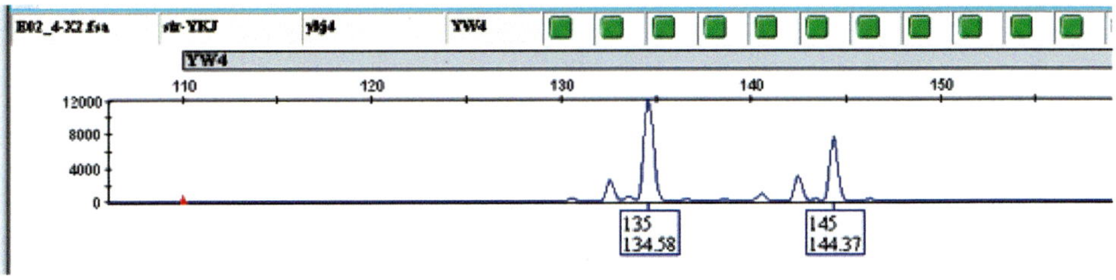

BPPCT 040

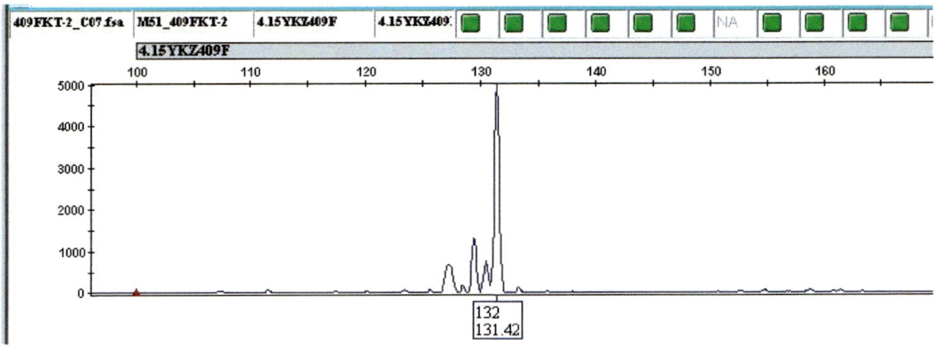

UDP98-409

附图 '凯特'不同标记的分子图谱

二、泰安水杏（晚熟杏）

来源 '泰安水杏'是苑克俊自山东省泰安市岱岳区农户果园采集的杏种质。

特征特性 植株生长势强，树姿开张，成枝能力34.3%，一年生枝阳面红褐色；叶片长度8.35cm，宽度8.33cm，长度/宽度1.00，叶片的绿色程度中，叶基钝圆形，叶片尖端夹角锐角，叶尖长度中，叶缘圆锯齿，叶缘起伏中，叶柄长度3.46cm，叶片长度/叶柄长度2.41，叶柄蜜腺数3~6个；初花期3月中旬，花瓣单瓣；单果重67.8g，果实圆形，纵径4.96cm，侧径5.23cm，横径4.93cm，纵径/横径1.00，侧径/横径2.41，果实较对称，缝合线浅，梗洼浅，果顶平，无果顶尖，果面光滑，果皮有茸毛，果皮光泽中（图4-44）；果实底色淡黄，着色面积小，着色类型红，着色深浅中，着色样式片状或斑点；果肉颜色淡黄，质地中，纤维中，果实硬度0.72kg/cm^2，香气中，汁液多，可溶性固形物含量15.3%，离核；果核形状卵圆，鲜核重3.6g，核仁苦，鲜核仁重1.26g，核仁100%饱满。果实成熟期晚。

'泰安水杏'在山东泰安地区于6月8日左右成熟。

图 4-44 '泰安水杏'
（A.果实；B.果实纵剖面；C.种子；D.种仁；E.叶片）

附图

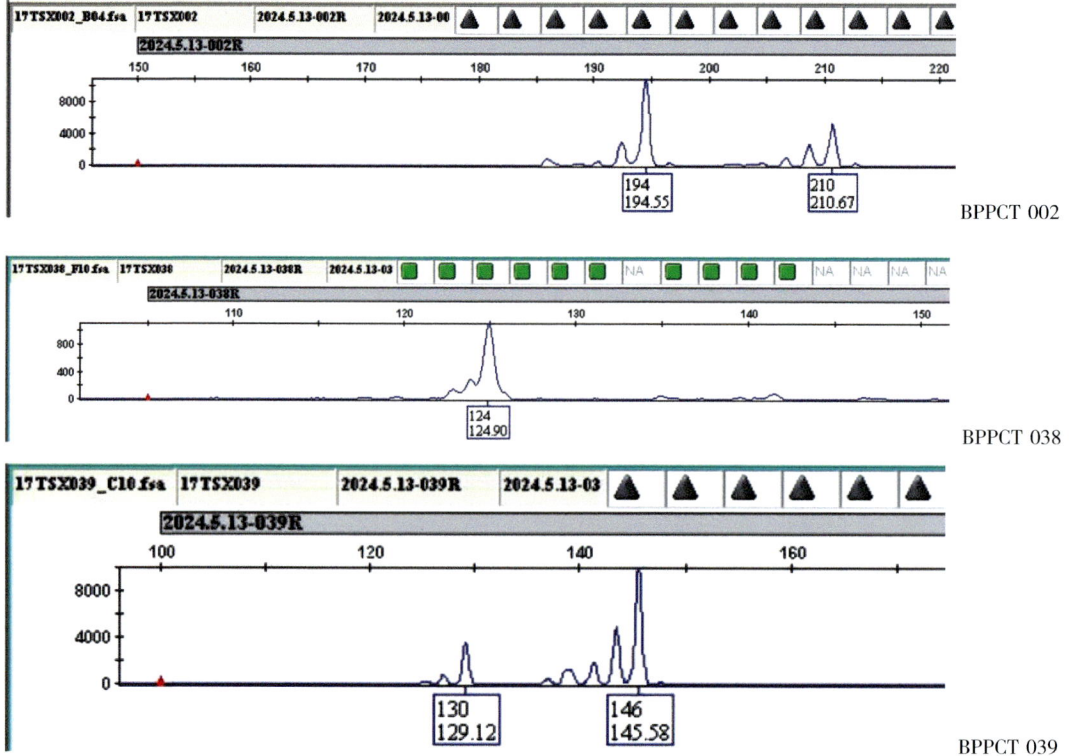

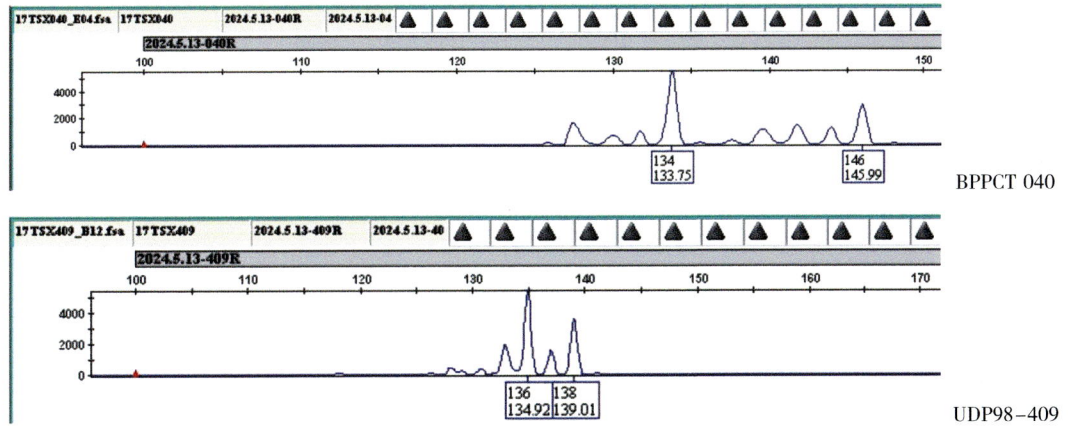

BPPCT 040

UDP98-409

附图 '泰安水杏'不同标记的分子图谱

三、红金臻（晚熟杏）

来源 '红金臻'是山东省烟台招远市选育的杏品种，由招远市提供。

特征特性 植株生长势强，树姿开张，成枝能力63%，一年生枝阳面红褐色；叶片长度8.36cm，宽度6.98cm，长度/宽度1.20，叶片的绿色程度中，叶基钝圆形，叶片尖端夹角锐角，叶尖长度无或很短，叶缘尖锯齿，叶缘起伏中，叶柄长度4.35cm，叶片长度/叶柄长度1.92，叶柄蜜腺数2~3个；初花期3月中旬，花瓣单瓣，花径3.44cm；单果重86.7g，果实卵圆形，纵径5.78cm，侧径5.07cm，横径5.61cm，纵径/横径1.14，侧径/横径1.11，果实较对称，缝合线浅，梗洼中或深，果顶凹，无果顶尖，果皮有茸毛（图4-45）；果实底色橙色，着色面积小，着色类型紫红，着色浅，着色样式片状；果肉颜色橙色，质地细腻，纤维少，香气中，汁液多，可溶性固形物

图4-45 '红金臻'
（A.果实；B.果实纵剖面；C.种子；D.种仁）

含量12.5%，半离核；果核形状椭圆，鲜核重5.4g，核仁甜，鲜核仁重1.26g，核仁100%饱满。果实成熟期晚。

'红金臻'在山东省果树研究所万吉山试验基地于6月11日左右成熟。

附图

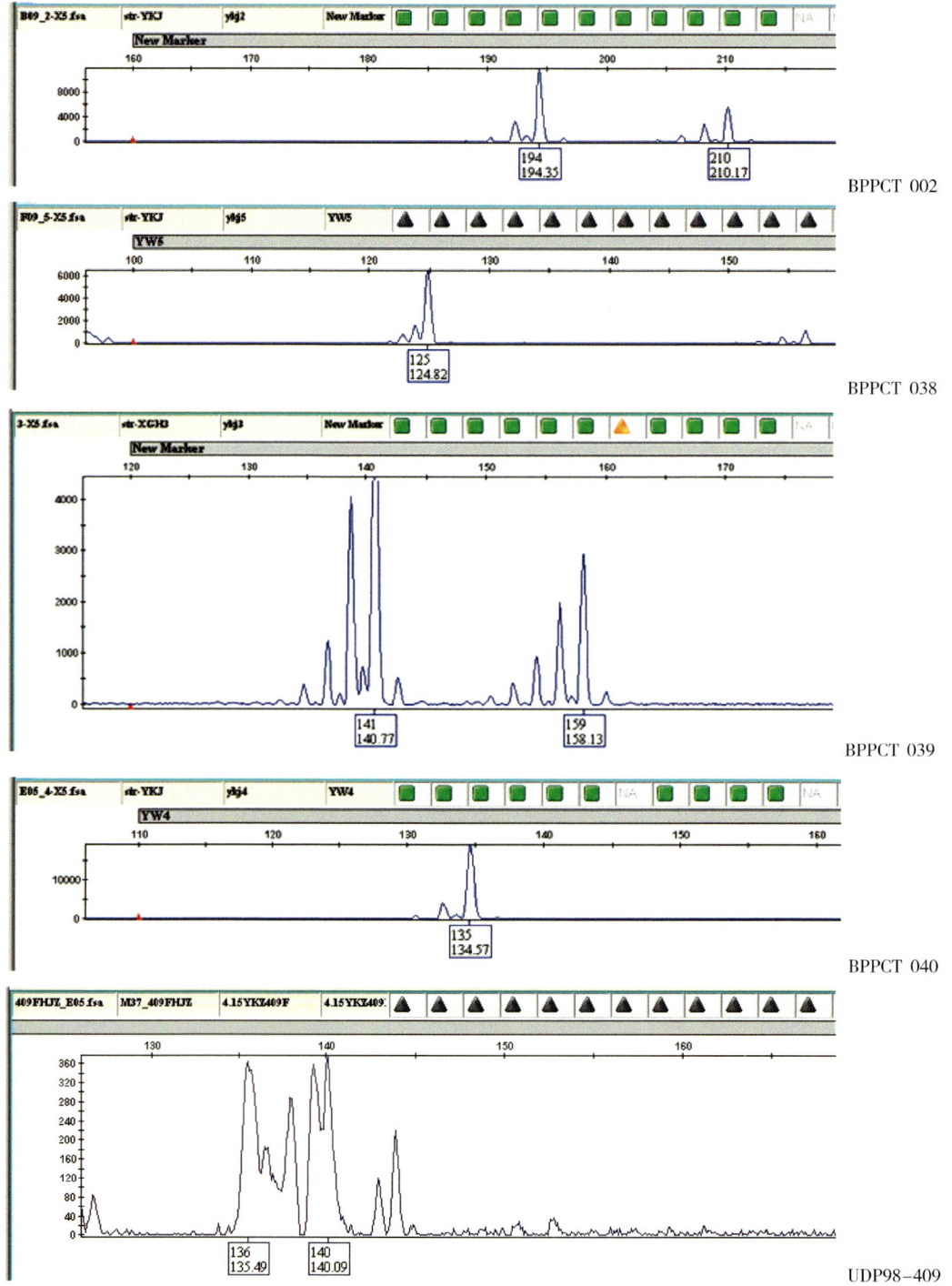

附图　'红金臻'不同标记的分子图谱

四、大麦黄（晚熟杏）

来源 '大麦黄'是苑克俊从青岛崂山区采集的杏种质。

特征特性 植株生长势中，树姿开张，成枝能力中，一年生枝阳面紫红色；叶片长度10.94cm，宽度9.18cm，长度/宽度1.19，叶片的绿色程度中，叶基钝圆形，叶片尖端夹角锐角，叶尖长度中，叶缘圆锯齿，叶缘起伏中，叶柄长度3.68cm，叶片长度/叶柄长度2.97，叶柄蜜腺数1~2个；单果重47.9g，果实圆形，果实纵径4.29cm，侧径4.45cm，横径4.25cm，纵径/横径1.01，侧径/横径1.05，果实不对称，缝合线浅，梗洼浅，果顶平，无果顶尖，果面光滑，果皮有茸毛，光泽中（图4-46）；果实底色浅黄，果实着色面积小，果实着色类型红，果实着色浅，果实着色样式密布斑点；果肉颜色淡黄，果肉质地细腻，果肉纤维少，果实香气中，果实汁液多，可溶性固形物含量19.5%，离核；核卵圆形，鲜核仁重1.12g，核仁100%饱满。果实成熟期晚。

'大麦黄'杏在山东青岛地区于2019年6月16日左右成熟，在山东省果树研究所万吉山试验基地于2021年6月5日左右成熟。

图4-46 '大麦黄'
（A.果实；B.种子；C.种仁；D.叶片；E.树体）

附图

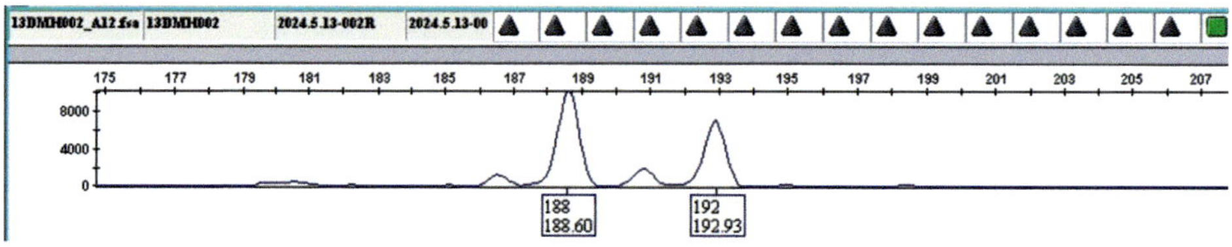

BPPCT 002

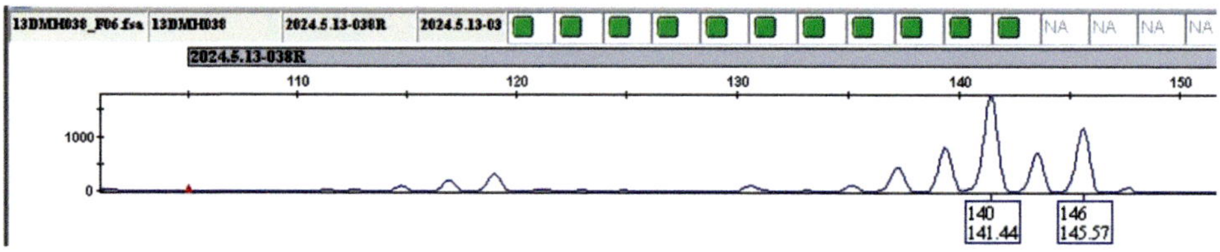

BPPCT 038

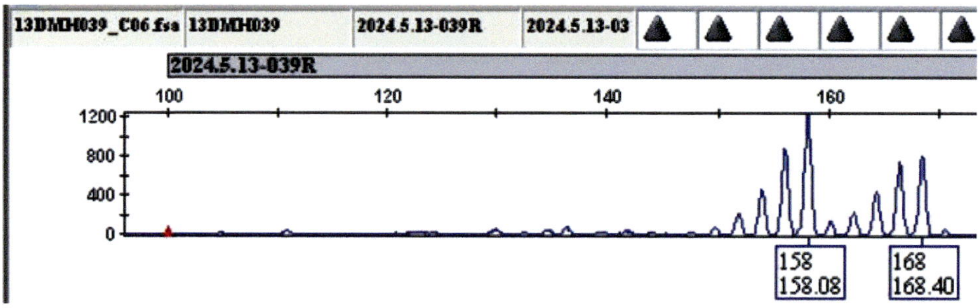

BPPCT 039

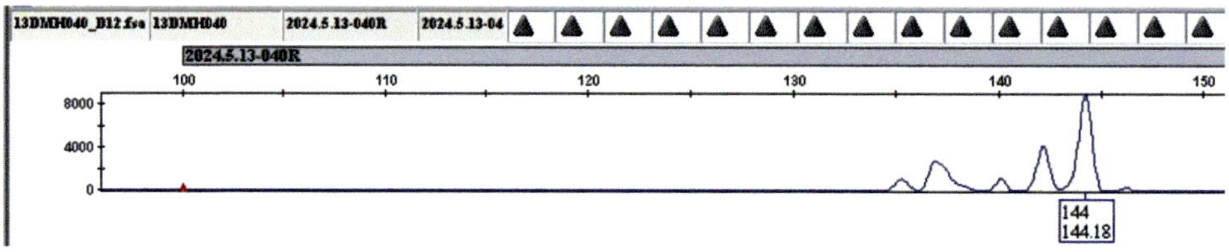

BPPCT 040

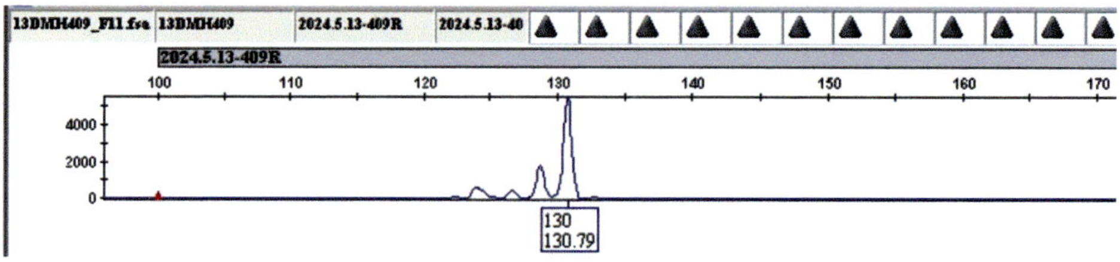

UDP98-409

附图 '大麦黄'不同标记的分子图谱

五、种质 136（晚熟杏）

来源 种质 136 是从'金太阳'与'红荷包'杂交后代中选出的晚熟杏种质。

特征特性 植株生长势强，树姿开张，成枝能力40%，一年生枝阳面黄褐色；叶片长度10.4cm，宽度8.88cm，长度/宽度1.17，叶色中或深，叶基平圆形，叶片尖端夹角中等钝角，叶尖长度中，叶缘尖锯齿，叶缘起伏中，叶柄长度3.49cm，叶片长度/叶柄长度2.98，叶柄蜜腺数2~4个；初花期3月中旬，单果重63.1g，果实椭圆形，果实纵径 5.21cm，侧径 5.32cm，横径 4.54cm，纵径/横径 1.15，侧径/横径 1.17，果实较对称，缝合线浅，梗洼浅，果顶平，无果顶尖，果皮有茸毛（图 4-47）；果实底色橙黄，果实着色面积小，果实着色类型红，果实着色中，果实着色样式片状或斑点；果肉颜色橙黄，果肉质地细腻，果肉纤维少，果实香气中，果实汁液少，可溶性固形物含量 13.5%，离核；果核圆形，核仁苦味强，鲜核仁重 1.10g，核仁 100% 饱满。果实成熟期晚。

杏种质 136 在山东省果树研究所万吉山试验基地于 2017 年 6 月 17 日左右成熟。

图 4-47　种质 136
（A. 果实；B. 果实纵剖面；C. 种子；D. 种仁）

六、少山红（晚熟杏）

来源　'少山红'是苑克俊从山东省青岛市崂山区采集的杏种质。

特征特性　植株生长势强，树姿开张，成枝能力强，一年生枝阳面紫红色；叶片长度 10.28cm，宽度 8.66cm，长度/宽度 1.19，叶片的绿色程度中，叶基楔形或钝圆形，叶尖长度短，叶缘圆锯齿，叶缘起伏中，叶柄长度 4.7cm，叶片长度/叶柄长度 2.19，叶柄蜜腺数 2~4 个；花瓣单瓣；单果重 79.1g，果实椭圆形或卵圆形，纵径 5.58cm，侧径 5.21cm，横径 4.85cm，纵径/横径 1.15，侧径/横径 1.07，果实不对称，缝合线浅，梗洼深，果顶凹，有小果顶尖，果面光滑，果皮有茸毛，果皮光泽中（图 4-48）；果实底色黄或绿黄，着色面积中或大，着色类型红，着色深，着色样式片状；果肉颜色橙黄，质地细腻，果柄处微酸味，纤维少，果实硬度 2.34kg/cm^2，香气中，汁液中，可溶性固形物含量 14.9%，半离核；果核形状椭圆或卵圆，鲜重 4.58g，核仁苦，鲜核仁重 1.38g，核仁 100% 饱满。果实成熟期晚。

'少山红'杏在山东青岛崂山区于 2019 年 6 月 22 日左右成熟，在山东省果树研究所万吉山试验基地于 2021 年 6 月 10 日左右成熟。

图 4-48 '少山红'
（A.果实；B.果实纵剖面；C.种子；D.种仁；E.树体；F.花）

附图

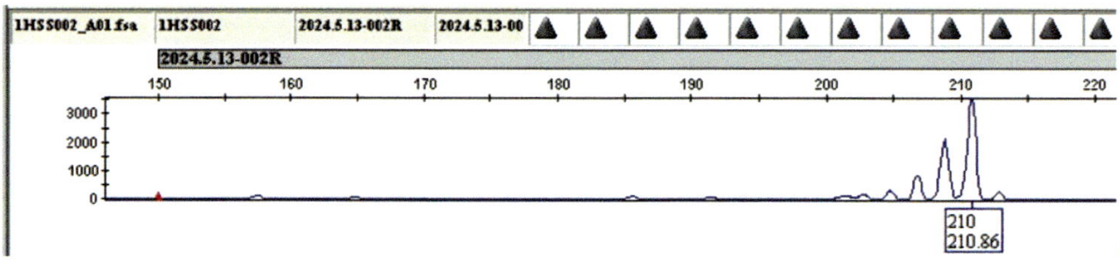

BPPCT 002

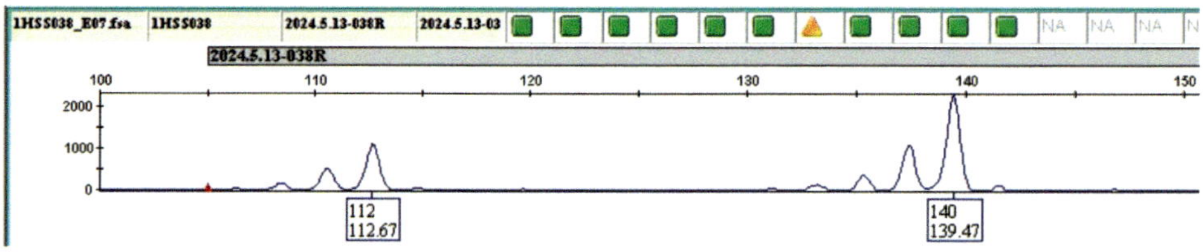

BPPCT 038

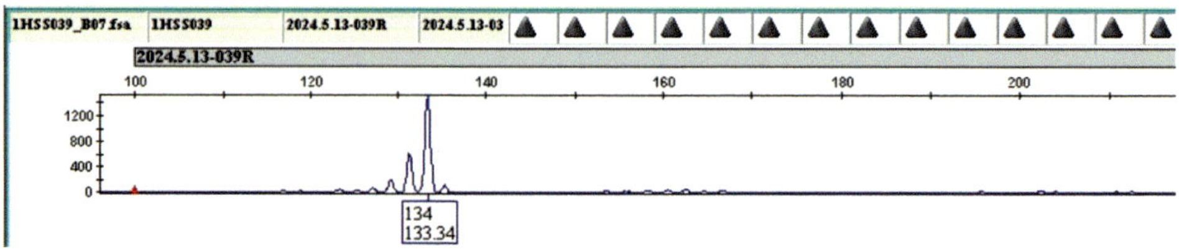

BPPCT 039

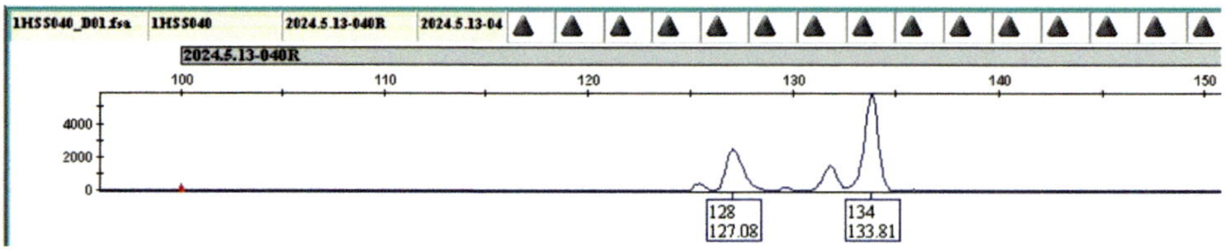

BPPCT 040

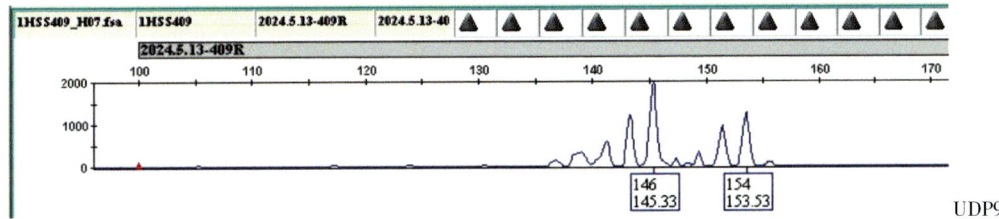

附图 '少山红'不同标记的分子图谱

UDP98-409

七、少山二号（晚熟杏）

来源 '少山二号'是苑克俊从山东省青岛市崂山区采集的杏种质。

特征特性 植株生长势强，树姿开张，成枝能力强，一年生枝阳面紫红色；叶片长度10.2cm，宽度9.16cm，长度/宽度1.11，叶片的绿色程度中，叶基楔形，叶尖长度短，叶缘圆锯齿，叶缘起伏中，叶柄长度5.36cm，叶片长度/叶柄长度1.9，叶柄蜜腺数2~4个；花瓣单瓣；单果重79.9g，果实圆形，纵径5.04cm，侧径5.33cm，横径5.13cm，纵径/横径0.98，侧径/横径1.04，果实较对称，缝合线浅，梗洼深，果顶凹，有果顶尖，果面光滑，果皮有茸毛，果皮光泽中（图4-49）；果实底色黄，着色面积中，着色类型红，着色深，着色样式片状；果肉颜色黄，质地细腻，无酸味，纤维少，果实硬度2.82kg/cm^2，香气无或弱，汁液中，可溶性固形物含量14.5%，半离核；果核形状椭圆，鲜核重3.14g，核仁苦，鲜核仁重0.98g，核仁100%饱满。果实成熟期晚。

'少山二号'杏在山东青岛崂山区于2019年6月22日左右成熟，在山东省果树研究所万吉山试验基地于2021年6月8日左右成熟。

图4-49 '少山二号'
（A.果实；B.果实纵剖面；C.种子；D.种仁；E.叶片）

附图

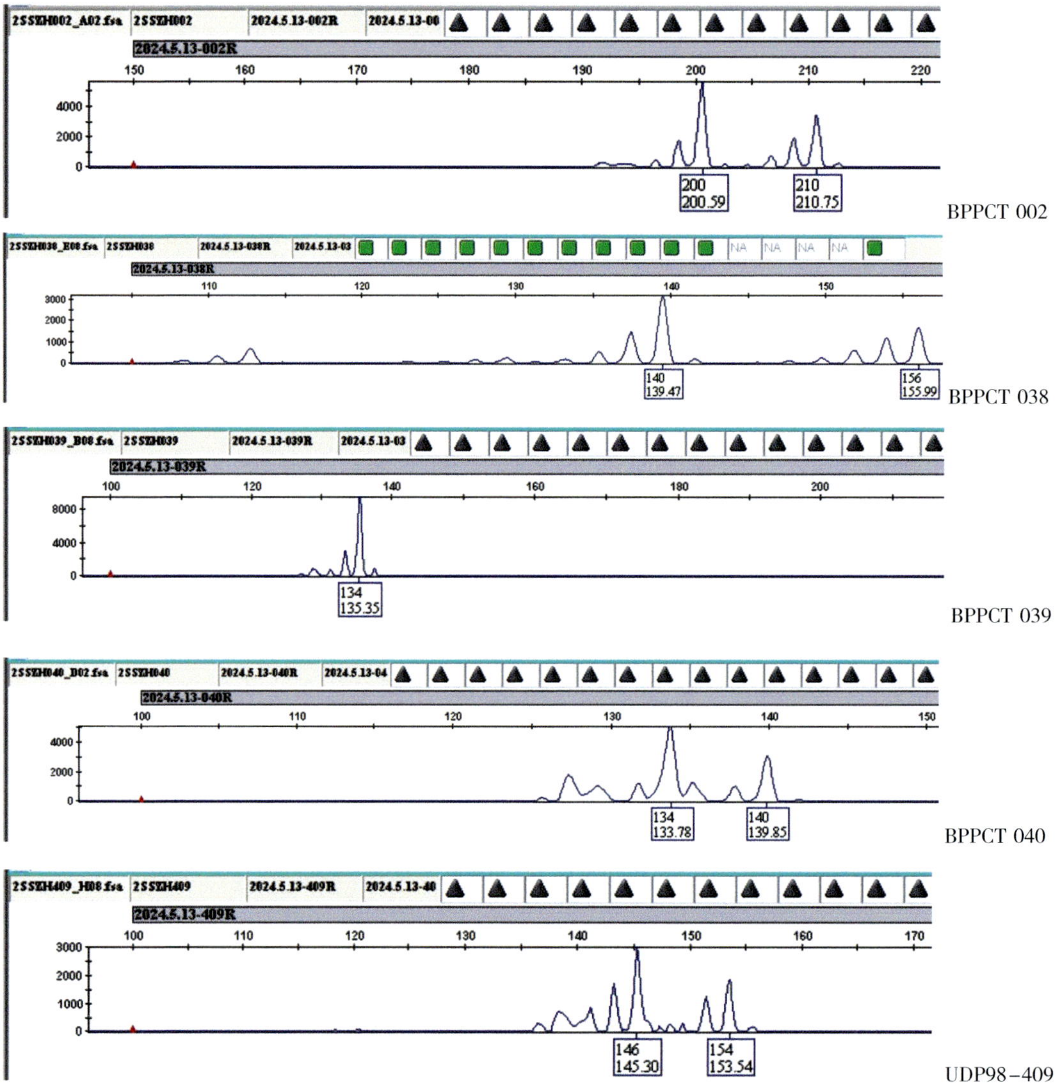

附图 '少山二号'不同标记的分子图谱

八、种质 M1（晚熟杏）

来源 种质 M1 是山东省果树研究所选育的杏新品种'美华'的实生后代。

特征特性 植株生长势强，树姿开张，成枝能力50.7%，一年生枝阳面红褐色；叶片长度9.55cm，宽度8.42cm，长度/宽度1.13，叶片的绿色程度深，叶基钝圆形，叶片尖端夹角中等钝角，叶尖长度长，叶缘双尖锯齿，叶缘起伏弱，叶柄长度3.39cm，叶片长度/叶柄长度2.82，叶柄蜜腺数1~4个；初花期3月中旬，花瓣单瓣；单果重73.9g，果实长圆形并且果实尖端缝合线一侧高，纵径5.47cm，侧径4.73cm，横径5.32cm，纵径/横径1.03，侧径/横径0.89，果实对称，缝合线浅，梗洼中或深，果顶凹，无果顶尖，果面光滑，果皮有茸毛，果皮光泽中（图4-50）；果实底色黄，着色面积小，着色类型红，着色浅，着色样式密布细点；果肉颜色黄，质地细腻，纤维少，果实硬度2.50kg/cm²，香气中，汁液多，可溶性固形物含量14.4%，离核；果核形状椭圆，鲜核重3.8g，核仁甜，鲜核仁重1.08g，核仁100%饱满。果实成熟期晚。

杏种质M1在山东省果树研究所万吉山试验基地于6月22日左右成熟。

图4-50　种质M1
（A.结果树；B.果实；C.果实纵剖面；D.种仁；E.叶片）

九、色买提（晚熟杏）

来源　'色买提'是山东省果树研究所副所长辛力研究员提供接穗的种质。

特征特性　植株生长势强，树姿开张，成枝能力强，一年生枝阳面红褐色；叶片长度7.04cm，宽度5.72cm，长度/宽度1.23，叶片的绿色程度中，叶基钝圆形，叶片尖端夹角锐角，叶尖长度很短，叶缘尖锯齿，叶缘起伏强，叶柄长度2.18cm，叶片长度/叶柄长度3.23，叶柄蜜腺数1~4个；初花期3月中旬，花瓣单瓣，2022年测量的花径花瓣下部浅红色；单果重35.0g，果实椭圆形，纵径4.08cm，侧径3.91cm，横径3.69cm，纵径/横径1.10，侧径/横径1.06，果实较对称，缝合线浅，梗洼深，果顶凹，无果顶尖，果面光滑，果皮无茸毛，果皮光泽强（图4-51）；果实底色绿黄，着色面积小，着色类型红，着色深浅中，着色样式片状；果肉颜色黄，质地细腻，纤维少，果实硬度1.64kg/cm²，香气中，汁液多，可溶性固形物含量17.3%，离核；果核形状椭圆，鲜核重2.3g，核仁甜，鲜核仁重0.82g，核仁100%饱满。果实成熟期晚。

'色买提'杏在山东省果树研究所万吉山试验基地于6月26日左右成熟。

图 4-51 '色买提'
（A.果实；B.果实纵剖面；C.种子；D.种仁；E.叶片；F.花）

附图

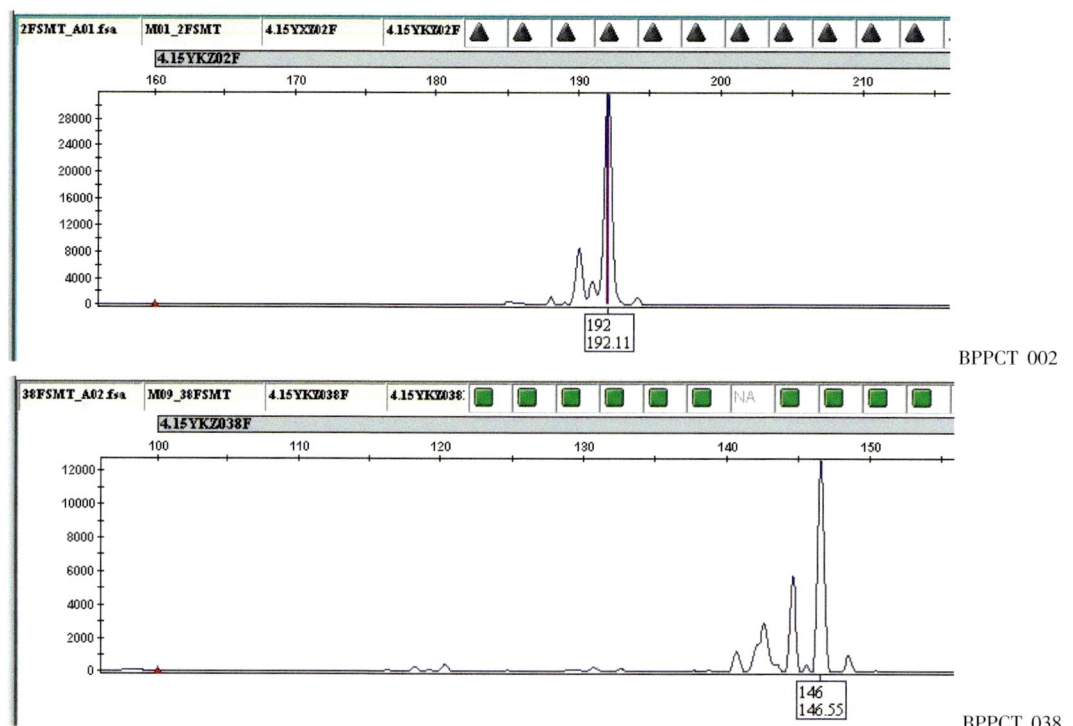

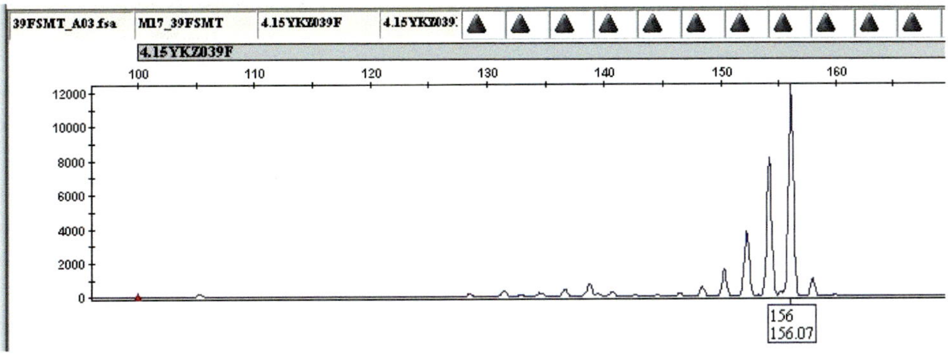

BPPCT 039

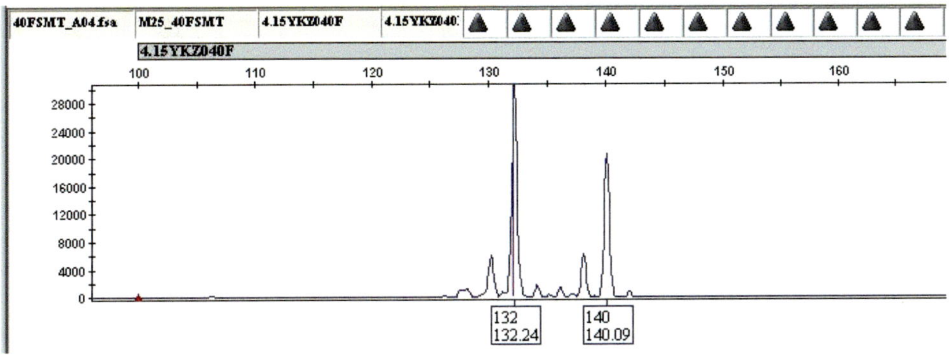

BPPCT 040

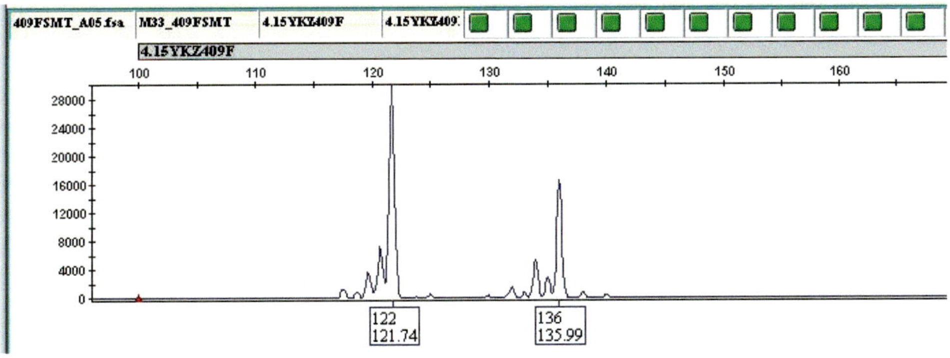

UDP98-409

附图 '色买提'不同标记的分子图谱

十、种质 S32（晚熟杏）

来源 杏种质 S32 是从实生杏后代植株中选出的杏种质。

特征特性 植株生长势强，树姿开张，成枝能力 55.0%，一年生枝阳面红褐色；叶片长度 8.47cm，宽度 6.96cm，长度 / 宽度 1.22，叶片的绿色程度中，叶基钝圆形，叶片尖端夹角锐角，叶尖长度中，叶缘尖锯齿，叶缘起伏弱，叶柄长度 3.20cm，叶片长度 / 叶柄长度 2.65，叶柄蜜腺数 1~2 个；初花期 3 月中旬，花瓣单瓣；单果重 48.7g，果实圆形，纵径 4.58cm，侧径 4.53cm，横径 4.33cm，纵径 / 横径 1.06，侧径 / 横径 1.05，果实较对称，缝合线浅，梗洼深，果顶圆凸，有小果顶尖，果面光滑，果皮有茸毛，果皮光泽中（图 4-52）；果实底色黄，着色面积很小，着色类型红，着色浅，着色样式斑点，果肉颜色黄，质地细腻，纤维少，果实硬度 0.2kg/cm²，香气无，汁液中，可溶性固形物含量 16.3%，半离核；果核形状卵圆，鲜核重 4.5g，核仁苦，鲜核仁重 1.18g，核仁 100% 饱满。果实成熟期晚。

杏种质 S32 杏在山东省果树研究所万吉山试验基地于 7 月 5 日左右成熟。

图 4-52　种质 S32
（A. 果实；B. 果实纵剖面；C. 种子；D. 种仁；E. 叶片）

十一、种质'实生小杏'（晚熟杏）

来源　种质'实生小杏'是在山东省果树研究所万吉山试验基地的一个杏实生种子植株。

特征特性　植株生长势中，树姿开张，成枝能力 13.0%，花芽主要在花束状结果枝和一年生枝上，一年生枝阳面红褐色；叶片长度 7.35cm，宽度 6.88cm，长度/宽度 1.07，叶片的绿色程度浅，叶基钝圆形，叶片尖端夹角中等钝角，叶尖长度短，叶缘圆锯齿，叶缘起伏中，叶柄长度 3.11cm，叶片长度/叶柄长度 2.36，叶柄蜜腺数 2~4 个；初花期 3 月中旬，花瓣单瓣；单果重 11.8g，果实椭圆形，纵径 3.27cm，侧径 3.02cm，横径 2.58cm，纵径/横径 1.14，侧径/横径 1.09，果实不对称，缝合线中或深，梗洼浅，果顶圆凸，有小果顶尖，果面光滑，果皮有茸毛，果皮光泽弱（图 4-53）；果实底色淡黄，着色面积约 50%，着色类型红，着色中或深，着色样式片状；果肉颜色橙黄，质地细腻，纤维少，香气无，汁液多，可溶性固形物含量 12.8%，离核；果核形状卵圆，鲜核重 2.08g，核仁苦，鲜核仁重 0.58g，核仁 100% 饱满。果实成熟期晚。

种质'实生小杏'在山东省果树研究所万吉山试验基地于 2019 年 7 月 5 日左右成熟。

图 4-53 种质'实生小杏'
(A. 果实；B. 果实纵剖面；C. 种子；D. 种仁)

十二、北华（极晚熟杏）

来源 '北华'是山东省果树研究所万吉山试验基地的一个杏实生种子植株，最初称为水库南晚熟杏。

特征特性 植株生长势中，树姿开张，成枝能力16.1%，花芽主要在花束状结果枝和一年生枝上，一年生枝阳面红褐色；叶片长度8.25cm，宽度6.80cm，长度/宽度1.21，叶片的绿色程度深，叶基钝圆形，叶片尖端夹角大锐角，叶尖长度短，叶缘尖锯齿，叶缘起伏弱，叶柄长度4.29cm，叶片长度/叶柄长度1.92，叶柄蜜腺数0~2个；初花期3月中旬，花瓣单瓣；单果重12.7g，果实椭圆形，纵径3.27cm，侧径3.02cm，横径2.58cm，纵径/横径1.27，侧径/横径1.17，果实不对称，缝合线浅，梗洼浅，果顶圆凸，有小果顶尖，果面粗糙，果皮有茸毛，果皮光泽弱（图4-54）；果实底色绿黄，着色面积很小，着色类型红，着色浅，着色样式斑点；果肉颜色橙黄，质地细腻，有酸味，纤维少，香气无或弱，汁液少，离核；果核形状椭圆，鲜核重1.8g，核仁甜，鲜核仁重0.72g，核仁100%饱满。果实成熟期很晚。

'北华'杏在山东省果树研究所万吉山试验基地水库南于2019年8月2日左右成熟。

图4-54 '北华'
（A.果实；B.果实纵剖面；C.种仁；D.结果树；E.叶片）

十三、豆瓣杏（极晚熟杏）

来源 '豆瓣杏'是苑克俊2018年7月自梁山县引种到山东省果树研究所万吉山试验基地的种质。

特征特性 植株叶片长度8.33cm，宽度6.54cm，长度/宽度1.27，叶片的绿色程度中或深，叶基钝圆形，叶片尖端夹角锐角，叶尖长度中，叶缘圆锯齿，叶缘起伏中，叶柄长度4.32cm，叶片长度/叶柄长度1.93，叶柄蜜腺数0~2个；初花期中，花瓣单瓣，花径2.47cm；单果重32.5g，果实长扁圆形，纵径4.18cm，侧径4.24cm，横径3.74cm，纵径/横径1.12，侧径/横径1.13，果实不对称，缝合线浅，梗洼浅，果顶平，有果顶尖，果面较光滑，果皮有茸毛，果皮光泽中（图4-55）；果实底色绿白，着色面积无；果肉颜色白，质地粗糙发绵，香气无，汁液极少，可溶性固形物含量高于12.9%，半离核；果核形状卵圆，鲜核重3.0g，核仁微苦，鲜核仁重0.70g，核仁60%饱满。果实成熟期很晚。

'豆瓣杏'在山东省果树研究所万吉山试验基地于8月18日成熟。

图 4-55 '豆瓣杏'
（A. 果实；B. 果实纵剖面；C. 种子；D. 花）

附图

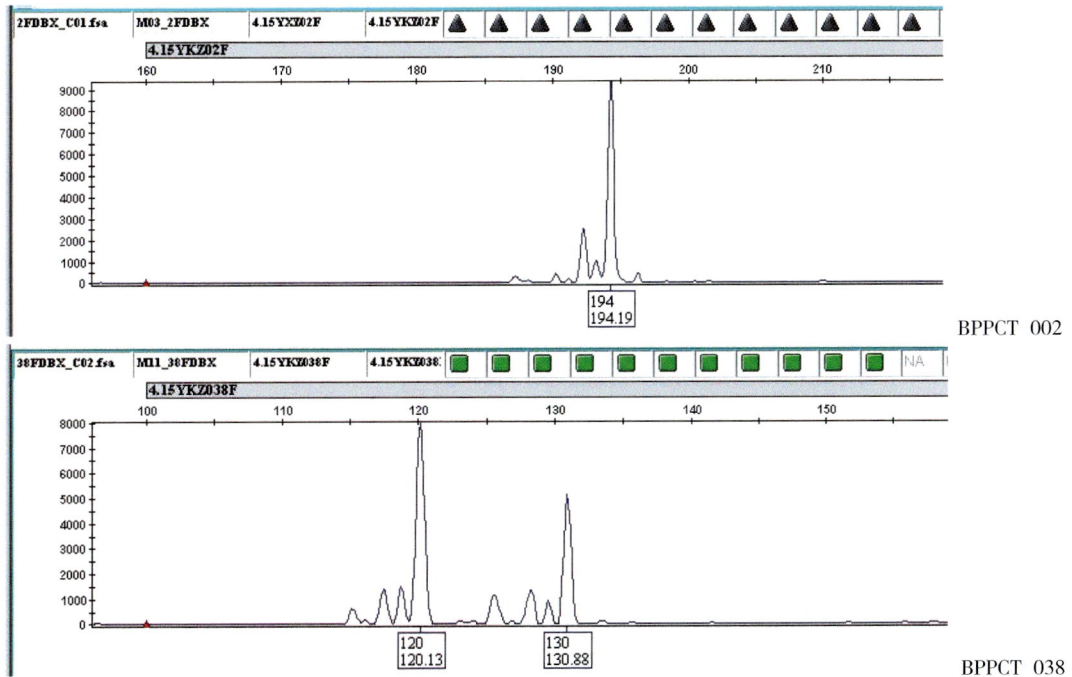

BPPCT 002

BPPCT 038

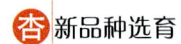

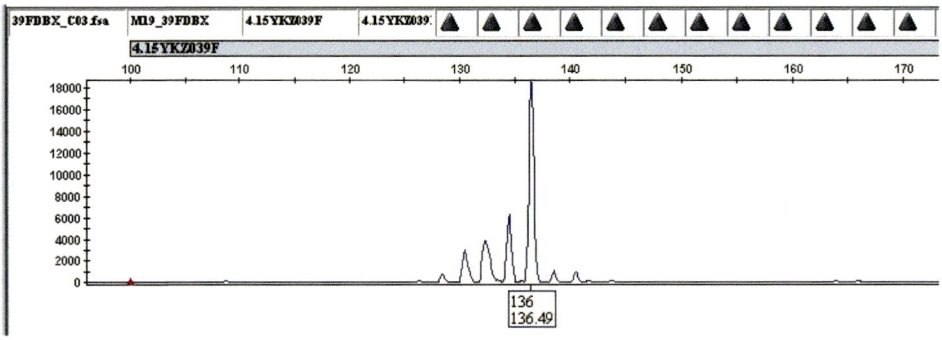

BPPCT 039

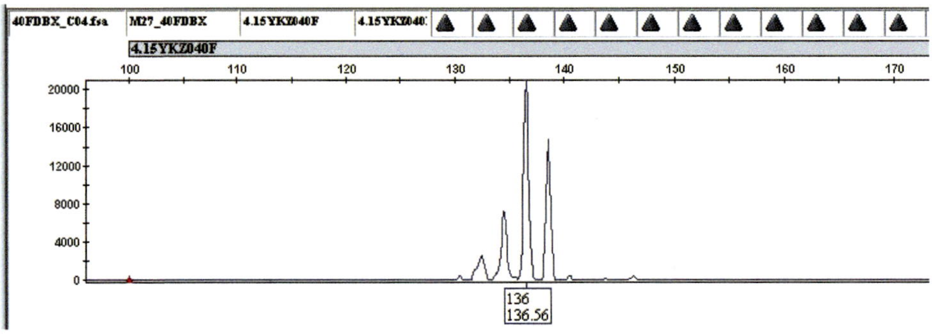

BPPCT 040

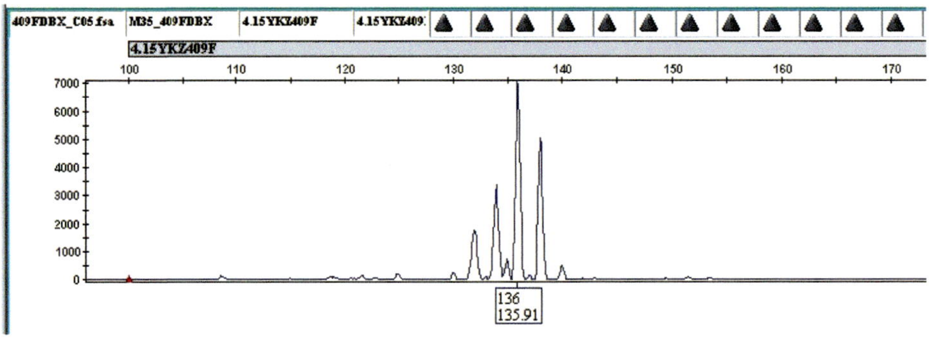

UDP98-409

附图 ‘豆瓣杏’不同标记的分子图谱

第七节 特异性状杏种质

该类种质包括：‘东华’、种质 DP11、‘青皮篮’、‘金业巴丹’、种质 363、‘龙庭杏梅’以及本章第一节介绍的种质 S168（果实扁圆形）、本章第四节介绍的‘早荷’（特殊香气）、本章第六节介绍的‘豆瓣杏’（极晚熟）、本章第五节介绍的‘大核杏’（核大）等。

一、东华（早熟杏）

来源 ‘东华’是以‘金太阳’为母本、‘红荷包’为父本通过有性杂交育成的早熟种质。2011 年杂交，当年将种子经过赤霉素处理和播种获得种苗；2012 年春季采集种苗枝条嫁接获得植株[1]，编号 J3，外送检测指标时命名‘东华’。

特征特性 植株生长势中，树姿开张，成枝能力46%，一年生枝阳面红褐色；叶片长度9.31cm，宽度7.73cm，长度/宽度1.20，叶色深，叶基钝圆形，叶片尖端夹角锐角，叶尖长度短，叶缘尖锯齿，叶缘起伏中，叶柄长度4.20cm，叶片长度/叶柄长度2.22，叶柄蜜腺数3~5个；初花期3月中旬，花瓣单瓣，花径3.32cm；单果重82.1g，果实卵圆形，果实纵径5.75cm，侧径5.68cm，横径4.97cm，纵径/横径1.16，侧径/横径1.14，果实不对称，缝合线浅但个别果近梗洼处深，梗洼中或深，果顶尖圆，有果顶尖，果面光滑，果皮有茸毛（图4-56）；果实底色橙黄，着色面积小，着色类型红，着色浅，着色样式片状或斑点；果肉颜色橙黄，质地细腻，纤维少，口味酸，香气中，汁液少，可溶性固形物含量13.0%，离核；核仁苦，核仁不饱满。果实成熟期早。

'东华'杏在山东省果树研究所万吉山试验基地于5月中旬成熟；其突出特点是在早熟杏中果大、果实口味酸、核仁不饱满。

图4-56 '东华'
（A.果实；B.果实纵剖面；C.种子；D.种仁）

二、种质DP11（中熟杏）

来源 种质DP11是从大棚栽培杏的种子实生后代中选出的中熟杏种质，亲本不详。

特征特性 植株生长势强，树姿开张，成枝能力53%，一年生枝阳面红褐色；叶片长度7.19cm，宽度6.55cm，长度/宽度1.10，叶色中或深，叶基平圆形，叶片尖端夹角中等钝角，叶尖长度中，叶缘尖锯齿，叶缘起伏弱，叶柄长度3.04cm，叶片长度/叶柄长度2.37，叶柄蜜腺数2~5个；初花期3月中旬，花瓣单瓣；单果重52.3g，果实椭圆形，果形好，果实纵径 4.82cm，侧径 4.86cm，横径 4.03cm，纵径/横径 1.20，侧径/横径 1.21，果实对称，缝合线浅，梗洼中或深，果顶平，无果顶尖，果皮有茸毛，有光泽（图 4-57）；果实底色橙黄，果实着色面积很小，果实着色类型红，果实着色浅，果实着色样式片状；果肉颜色橙黄，果肉质地细腻，果肉纤维中，口味甜，果实香气无，果实汁液多，可溶性固形物含量 15.2%，离核；果核椭圆形，鲜核仁重 0.7g，核仁 100% 饱满。果实成熟期中。

种质 DP11 在山东省果树研究所万吉山试验基地于 2017 年 5 月 28 日成熟，其主要特点是果形好。

图 4-57 种质 DP11
（A，B. 果枝结果状；C. 果实纵剖面；D. 种子；E. 种仁）

三、青皮篮（中熟杏）

来源 '青皮篮'是苑克俊自青岛市崂山区采集的中熟杏种质。

特征特性 植株生长势强，树姿开张，成枝能力强，一年生枝阳面紫红色；叶片长度 11.36cm，宽度 9.42cm，长度/宽度 1.21，叶片的绿色程度中，叶基钝圆形，叶片尖端夹角锐角，叶尖长度短，叶缘圆锯齿，叶缘起伏中，叶柄长度 4.82cm，叶片长度/叶柄长度 2.36，叶柄蜜腺数 1~2 个；初花期 3 月中旬，花朵单瓣，花径 2.84cm；单果重 72.1g，果实扁圆形，果实纵径 4.40cm，侧径 5.26cm，横径 5.32cm，纵径/横径 0.83，侧径/横径 0.99，果实扁圆形，果实对称，缝合线浅，梗洼深，果顶平，无果顶尖，果面光滑，果皮厚，有茸毛，果皮光泽中（图 4-58）；果实底色橙黄，果实着色面积无；果肉颜色橙黄，果肉质地中，果肉纤维中，果实香气弱，果实汁液中或多，可溶性固形物含量 15.5%，半离核；果核卵圆形，鲜核重 2.94g，鲜核仁重 1.02g，核仁

100%饱满。果实成熟期中。

'青皮篮'杏在山东省果树研究所万吉山试验基地于 2021 年 6 月 2 日左右成熟，其突出特点是果实扁圆形。

图 4-58 '青皮篮'
（A.果实；B.果实纵剖面；C.种子；D.种仁；E.树体；F.叶片）

附图

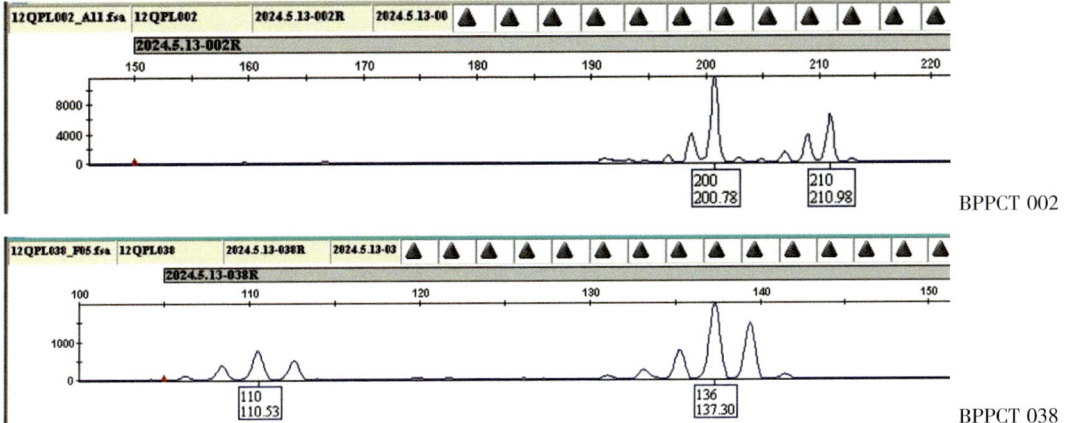

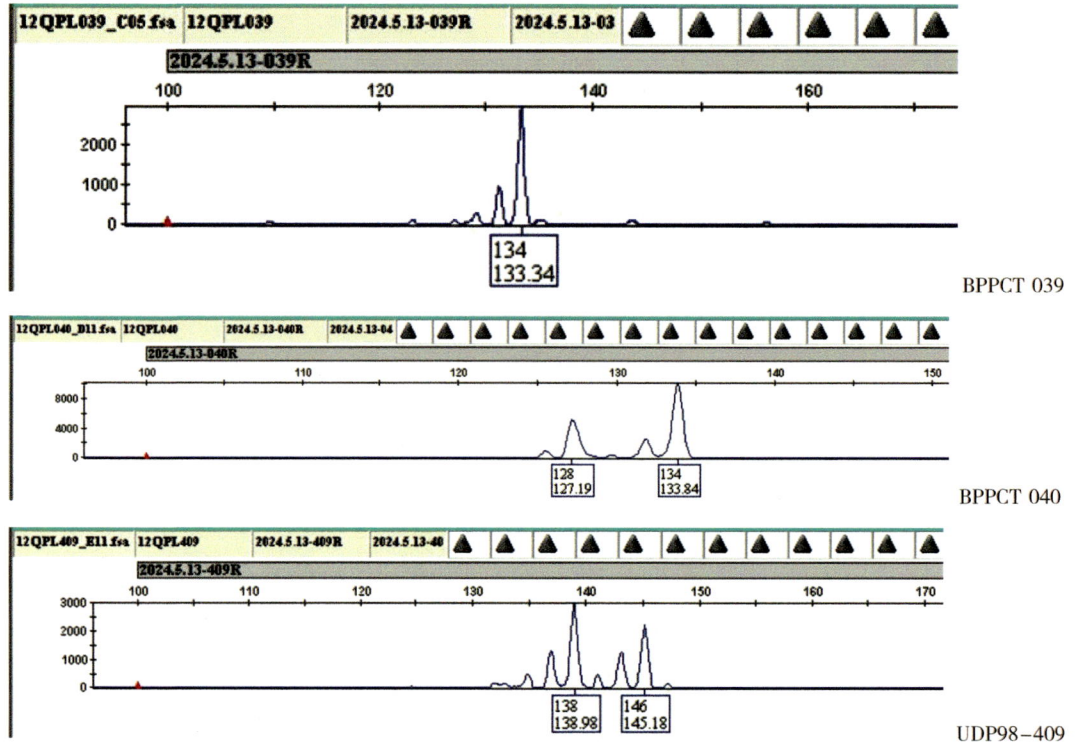

附图 '青皮篮'不同标记的分子图谱

四、金业巴丹（中熟杏）

来源 '金业巴丹'是在山东省果树研究所万吉山试验基地'巴丹杏'嫁接树上发现的一个变异大枝，最初称作'黄叶巴丹'，为符合品种命名规则改名。分子标记实验图谱分析表明，它可能是'玉巴丹'的变异，当初这个枝嫁接的可能是'玉巴丹'的变异枝。

特征特性 植株生长势中，树姿开张，成枝能力中，一年生枝阳面红褐色；叶片长度9.39cm，宽度8.14cm，长度/宽度1.15，叶片的绿色程度浅，叶基钝圆形，叶片尖端夹角锐角，叶尖长度短，叶缘圆锯齿，叶缘起伏弱，叶柄长度3.59cm，叶片长度/叶柄长度2.62，叶柄蜜腺数0~2个；初花期3月中旬，花瓣单瓣；单果重76.2g，果实卵圆形，纵径5.59cm，侧径5.11cm，横径4.98cm，纵径/横径1.12，侧径/横径1.03，果实不对称，缝合线浅，梗洼中，果顶平，无果顶尖，果面光滑，果皮有茸毛，果皮光泽中（图4-59）；果实底色淡黄，着色面积无；果肉颜色橙黄，质地中，有酸味，纤维中，果实硬度2.89kg/cm^2，香气无，汁液多，可溶性固形物含量13.0%，离核；果核形状卵圆，鲜核重3.6g，核仁甜，鲜核仁重1.26g，核仁100%饱满。果实成熟期中。

'金业巴丹'杏在山东省果树研究所万吉山试验基地于6月2日左右成熟，其突出特点是春季展叶后的一段时间内叶色为黄色。

图 4-59 '金业巴丹'
（A. 最初发现的黄叶枝；B. 幼株黄叶枝；C. 果实；D. 果实纵剖面；E. 种子；F. 种仁；G. 叶片）

附图

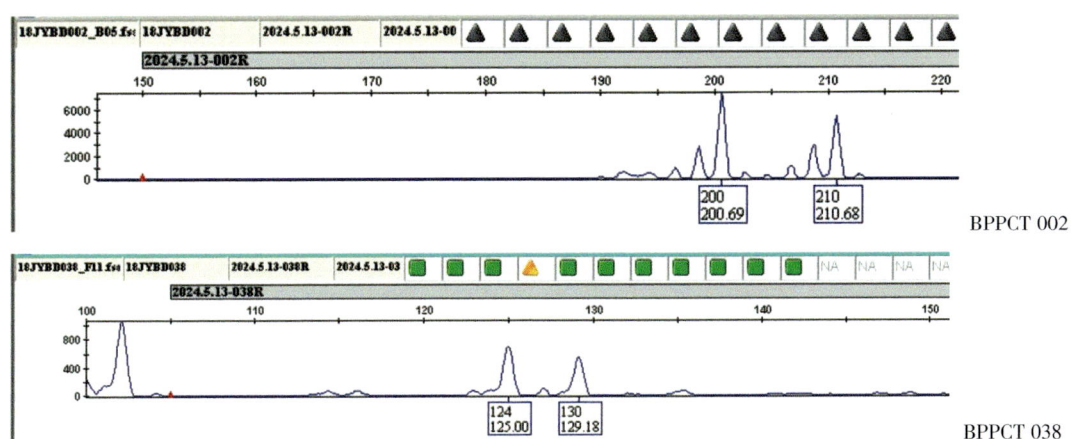

BPPCT 002

BPPCT 038

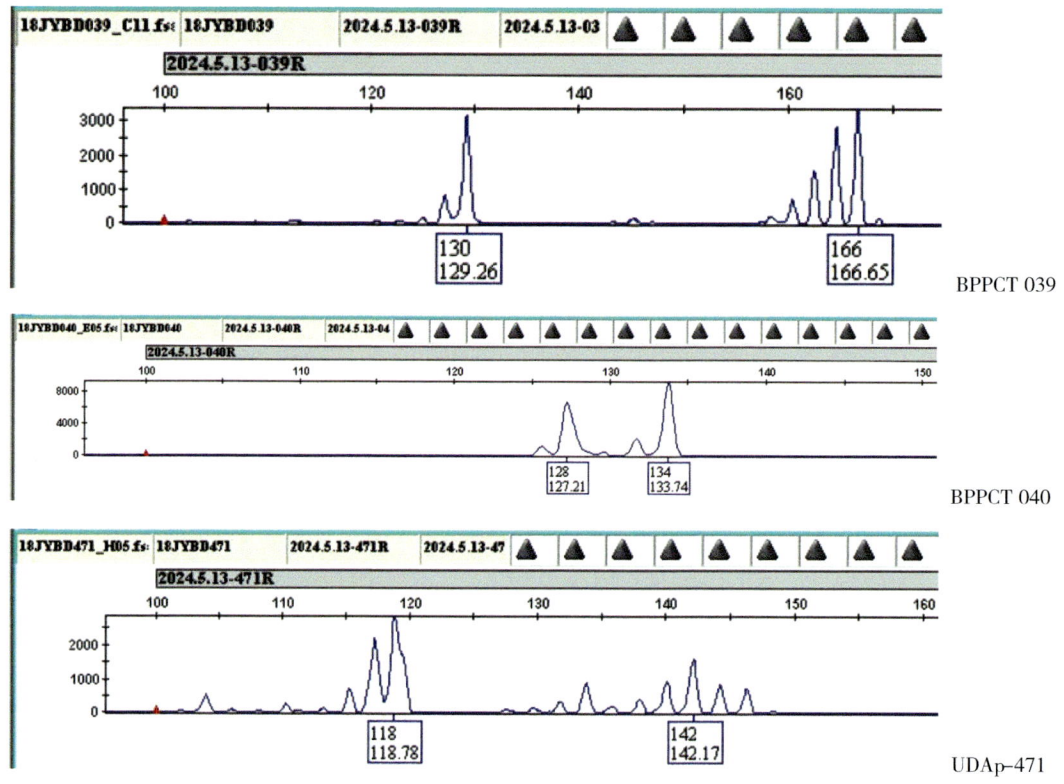

附图 '金业巴丹'不同标记的分子图谱

五、种质 363（晚熟杏）

来源 种质 363 是以'济丽红'为母本、'珍珠油杏'为父本通过杂交育种获得的杏种质，编号 363 号。2016 年杂交，2017 年春季冷藏处理后播种，然后移栽于田间，2018 年春季高接大树。

特征特性 植株生长势中，树姿半开张，成枝能力 30.5%，一年生枝阳面红褐色；叶片长度 6.76cm，宽度 5.82cm，长度/宽度 1.16，叶片的绿色程度深，叶基钝圆形，叶片尖端中等钝角，叶尖长度中，叶缘尖锯齿，叶缘起伏中，叶柄长度 2.68cm，叶片长度/叶柄长度 2.52，叶柄蜜腺数 2~3 个；初花期中，花瓣单瓣，花径 3.45cm，花瓣白色下部颜色浅红；单果重 50.0g，果实圆形，纵径 4.61cm，侧径 4.72cm，横径 4.14cm，纵径/横径 1.11，侧径/横径 1.14，果实较对称，缝合线浅，梗洼浅，果顶平，有小果顶尖，果面光滑，果皮有茸毛，果皮光泽强（图 4-60）；果实底色淡黄，着色面积小，着色类型红，着色深浅中，着色样式片状；果肉颜色浅黄，质地细腻，有酸味，纤维少，果实硬度 4.08kg/cm^2，香气中，汁液中或多，可溶性固形物含量 13.48%，离核；果核形状卵圆，鲜核重 3.2~4.0g，核仁甜，鲜核仁重 1.1~1.5g，核仁 100% 饱满，干核仁重 0.7~0.9g。果实成熟期晚。

杏种质 363 在山东省果树研究所万吉山试验基地于 2020 年 6 月 13 日成熟。2020

年结果，与 S119、S120 和 S121 等其他甜仁杏育种植株果实比较，其花径较大，果实仁大，选作仁用杏优株，2021 年果实仁大。

图 4-60　种质 363
（A. 果实；B. 果实纵剖面；C. 种子；D. 种仁；E. 花；F. 叶片）

附图

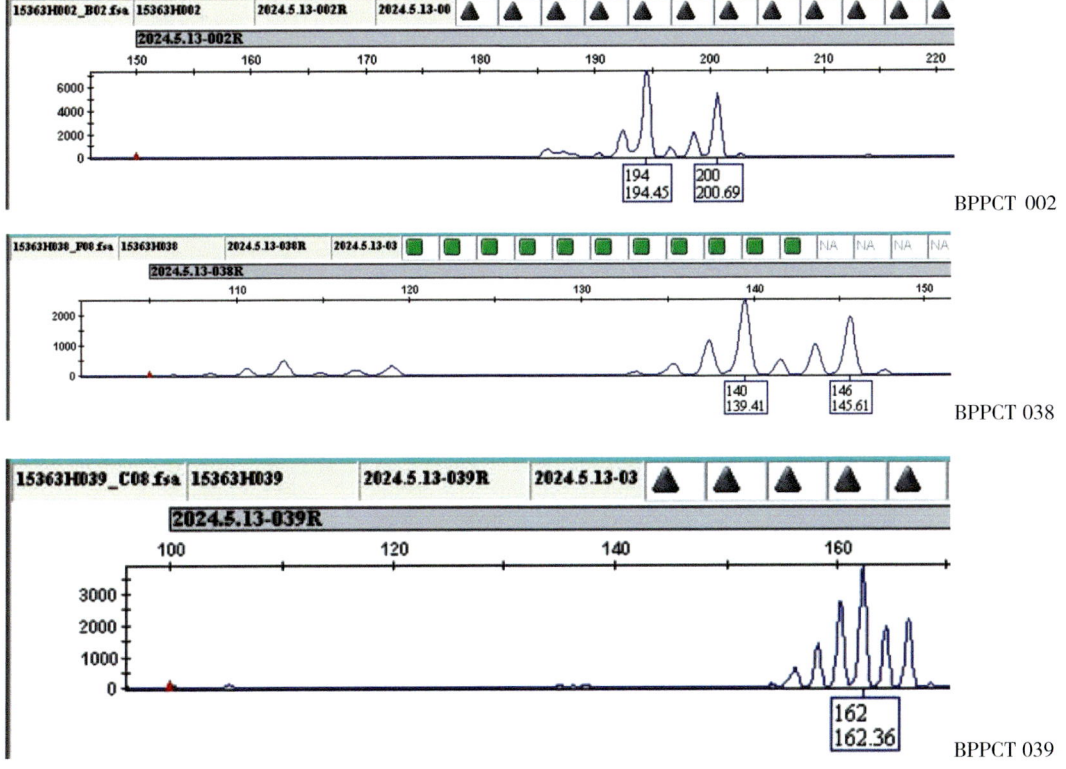

BPPCT 002

BPPCT 038

BPPCT 039

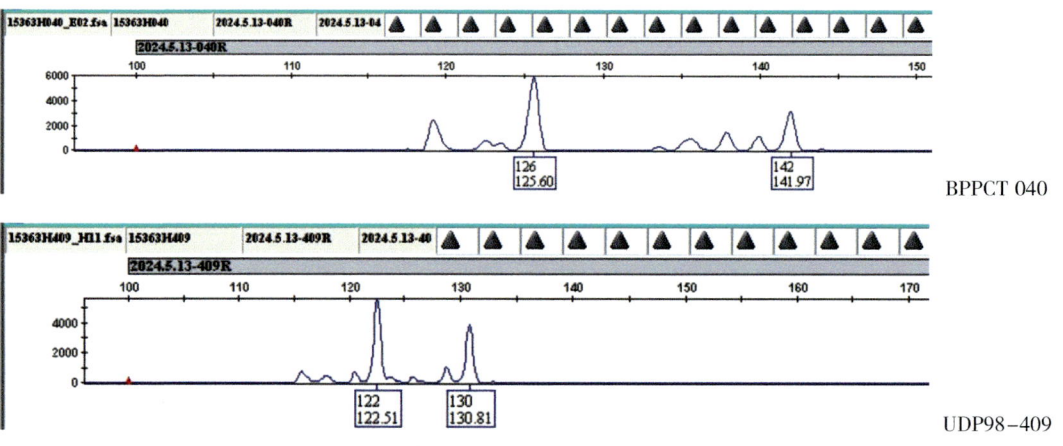

附图 '种质363'不同标记的分子图谱

六、龙庭杏梅（晚熟杏）

来源 苑克俊采自山东省新泰市掌平洼村。

特征特性 果实圆形，单果重46.4g，纵径4.25cm，侧径4.32cm，横径4.25cm，纵径/横径1.00，侧径/横径1.02，果实较对称，缝合线浅，梗洼深，果顶平，无果顶尖，果面光滑，果皮有茸毛，果皮光泽强（图4-61）；果实底色黄，着色面积无；果肉颜色黄，质地细腻，纤维少，果实硬度1.6kg/cm^2，汁液多，可溶性固形物含量11.6%，黏核；果核形状卵圆，鲜核重2.6g，核仁苦味无，鲜核仁重0.5g，核仁40%饱满。实成熟期晚。

'龙庭杏梅'在山东省新泰市种植时于6月底7月初成熟。

图4-61 '龙庭杏梅'果实

七、种质S168

见第四章第一节。

八、早荷

见第四章第四节。

九、豆瓣杏

见第四章第六节。

十、大核杏

见第四章第五节。

第八节 高可溶性固形物杏种质

该类种质包括：种质 J42（18.1%）、'甜丰'（19.3%）、'短茸毛小杏'（19.5%）、'火玲珑'（19.6%）、'白杏 Y'（22.2%）、种质 M31（18.7%）、'小杏 T'（25.6%）、种质 PS75（18.7%）、'树上干'（22.6%）、'龙窝杏'（18.3%），以及本章第二节介绍的'珍珠油杏'（21.8%）。

一、种质 J42（早熟杏）

来源 种质 J42 是山东省果树研究所以'金太阳'为母本、'红荷包'为父本通过有性杂交育成的早熟种质。2011 年杂交，当年将种子经过赤霉素处理和播种获得种苗；2012 年春季采集种苗枝条嫁接获得植株[1]，编号为 J42。

特征特性 植株生长势中，树姿开张，成枝能力 70%，一年生枝阳面红褐色；叶片长度 8.98cm，宽度 7.19cm，长度/宽度 1.25，叶色中或深，叶基平圆形，叶片尖端夹角锐角，叶尖长度短，叶缘尖锯齿，叶缘起伏中，叶柄长度 4.76cm，叶片长度/叶柄长度 1.89，叶柄蜜腺数 2~3 个；初花期 3 月中旬，花瓣单瓣，花径 3.48cm；单果重 61.5g，果实近椭圆形，果实纵径 5.04cm，侧径 4.94cm，横径 4.35cm，纵径/横径 1.16，侧径/横径 1.14，果实不对称，缝合线浅，梗洼中或深、狭，果顶圆凸或平，果顶尖极小，果皮有茸毛，果皮有光泽（图 4-62）；果实底色橙黄，着色面积较大，着色类型红，着色中或深，着色样式片状或斑点；果肉颜色橙，质地中，纤维中，口味甜，香气中，汁液中或多，可溶性固形物含量 18.1%，离核；核仁苦，鲜核仁重 1.25g，核仁饱满。果实成熟期早。

杏种质 J42 在山东省果树研究所万吉山试验基地于 5 月下旬成熟；其突出特点是成熟早、果实着色、可溶性固形物含量高。

图 4-62　种质 J42
（A. 果实；B. 果实纵剖面；C. 种子；D. 种仁）

附图

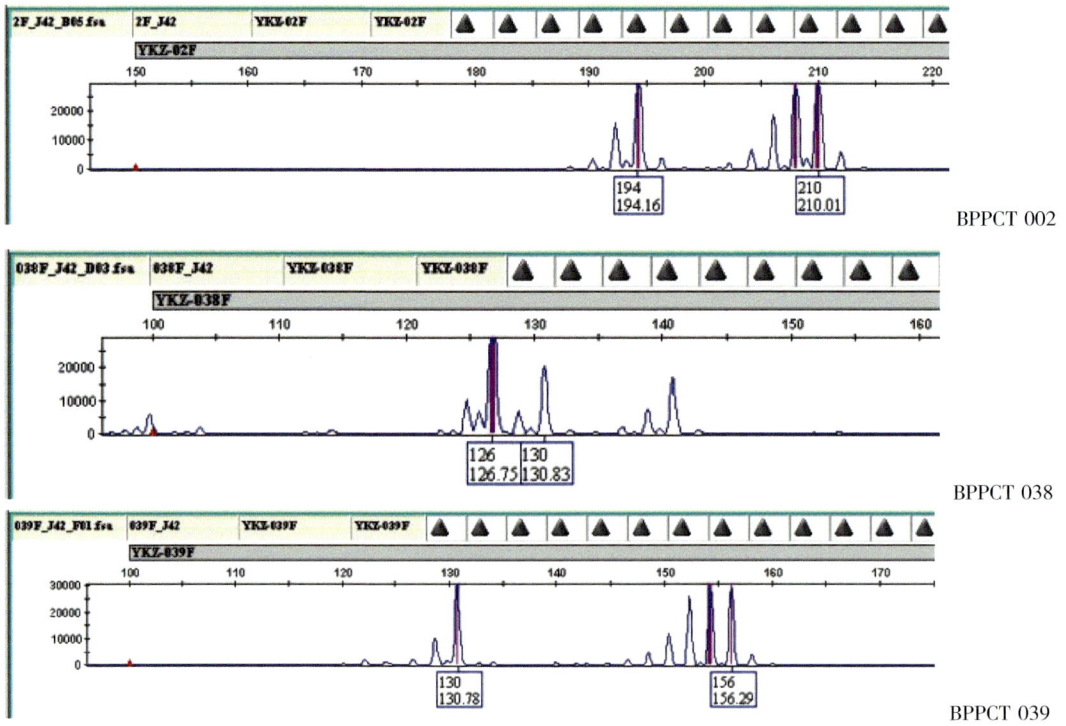

BPPCT 002

BPPCT 038

BPPCT 039

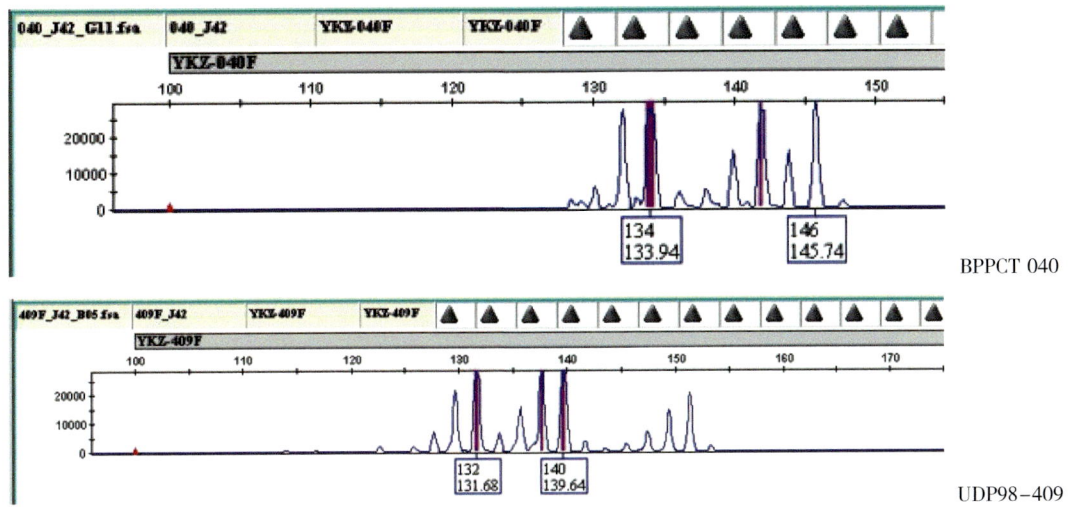

附图 种质 J42 不同标记的分子图谱

二、甜丰（中熟杏）

来源 '甜丰'是自山东天地园艺科技有限公司购买苗木栽植的中熟杏种质。

特征特性 单果重51.7g，果实椭圆形，果实纵径4.91cm，侧径4.44cm，横径4.23cm，纵径/横径1.16，侧径/横径1.05，果实不对称，缝合线中，梗洼中或深，果顶凹，无果顶尖，果面粗糙，果皮有茸毛，果皮光泽弱（图4-63）；果实底色淡黄，果实着色面积很小，果实着色类型红，果实着色浅，果实着色样式片状或细点；果肉颜

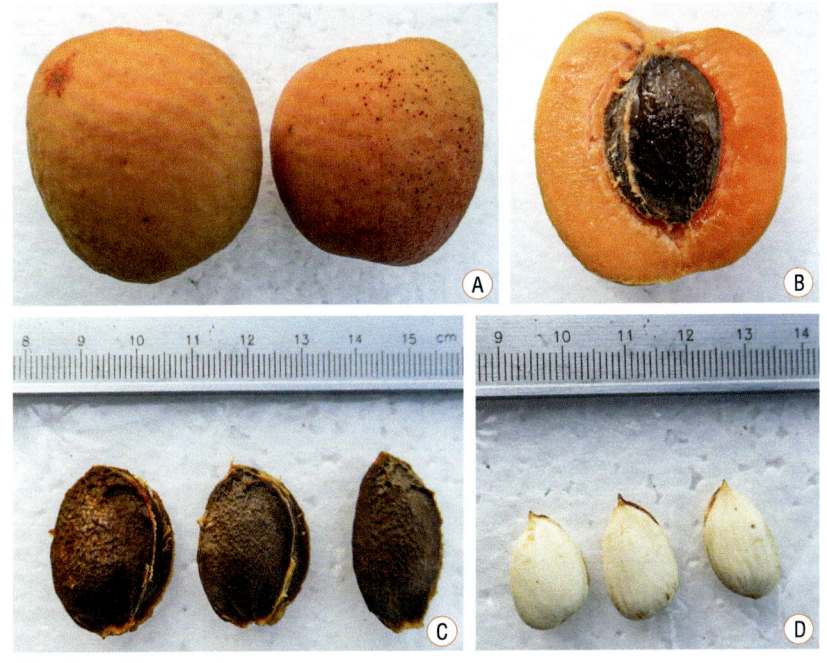

图4-63 '甜丰'
（A.果实；B.果实纵剖面；C.种子；D.种仁）

色橙黄，果肉质地细腻，口味甜，果肉纤维少，果实香气浓，果实汁液中或多，可溶性固形物含量19.3%，离核；果核椭圆形，鲜核重3.10g，核仁苦，鲜核仁重0.78g，核仁100%饱满。果实成熟期中。

'甜丰'杏在山东省果树研究所万吉山试验基地于2020年6月1日成熟。

三、短茸毛小杏（中晚熟杏）

来源 '短茸毛小杏'是在山东省果树研究所万吉山试验基地发现的实生杏树，亲本不详。

特征特性 单果重27.0g，果实椭圆形，纵径3.68cm，侧径3.69cm，横径3.41cm，纵径/横径1.08，侧径/横径1.08，果实较对称，缝合线浅，梗洼深，果顶微凹，无果顶尖，果面光滑，果皮有短茸毛，果皮光泽强（图4-64）；果实底色橙黄，着色面积无；果肉颜色橙黄，质地细腻，口味微酸，纤维少，果实硬度$5.14kg/cm^2$，香气中，汁液多，可溶性固形物含量19.5%，半离核；果核形状卵圆，鲜核重2.36g，核仁苦味无，鲜核仁重0.7g，核仁100%饱满。果实成熟期晚。

'短茸毛小杏'在山东省果树研究所万吉山试验基地于6月2日左右成熟，比'珍珠油杏'早熟1周。

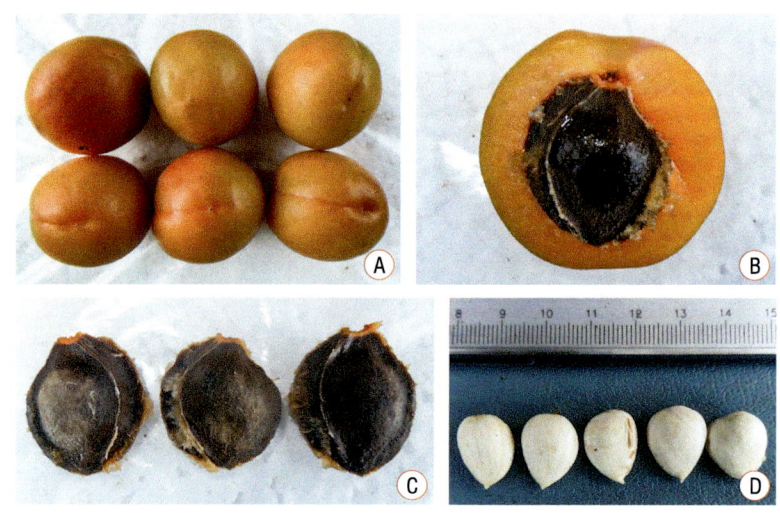

图4-64 '短茸毛小杏'
（A.果实；B.果实纵剖面；C.种子；D.种仁）

附图

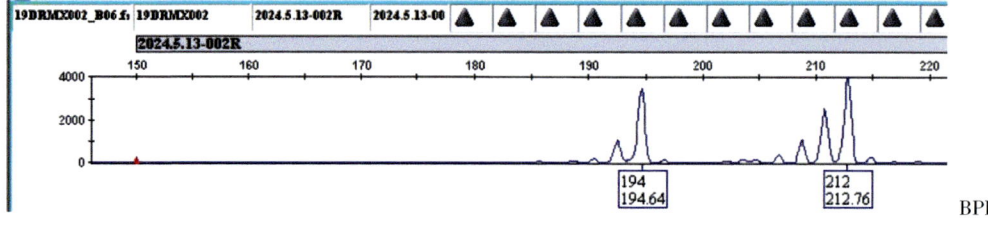

BPPCT 002

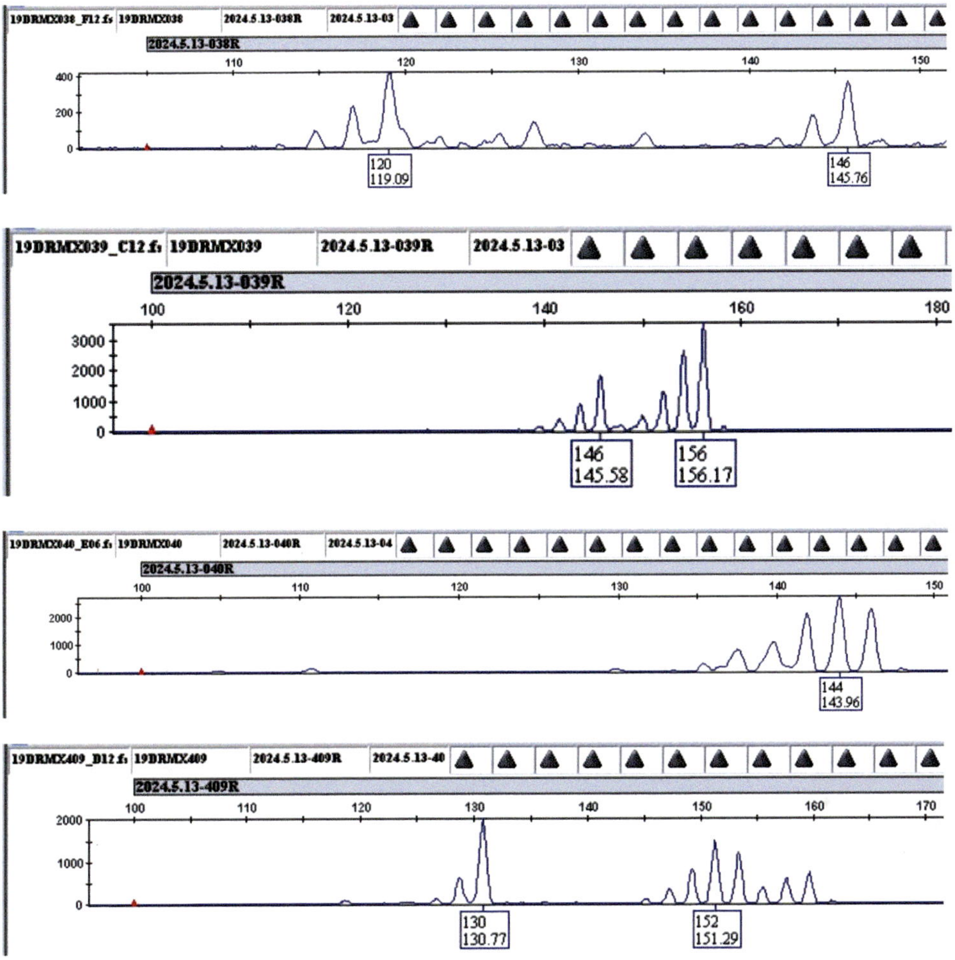

BPPCT 038

BPPCT 039

BPPCT 040

UDP98-409

附图 '短茸毛小杏'不同标记的分子图谱

四、火玲珑（晚熟杏）

来源 '火玲珑'是以'美华'为母本、通过实生选种方法获得的杏种质，试验编号 M4 号。2014 年采果后取种子，经赤霉素处理种子后播种培育，2015 年春季移栽定植。2020 年和 2021 年在 7 株杏树上改接'火玲珑'。

特征特性 '火玲珑'植株生长势中，树姿开张，成枝能力 11.7%；花芽主要在花束状结果枝和一年生枝上，一年生枝阳面红褐色；叶片长度 8.04cm，宽度 6.84cm，长度/宽度 1.08，叶色深绿，叶基钝圆形，叶片尖端中等钝角，叶尖长度中，叶缘尖锯齿，叶缘起伏中，叶柄长度 4.12cm，叶片长度/叶柄长度 1.94，叶柄蜜腺数 2~5 个；初花期 2022 年 3 月 15 日，花瓣单瓣，花径 2.66cm，花瓣下部浅红色；单果重 31.5g，果实圆形，纵径 3.89cm，侧径 4.02cm，横径 3.62cm，纵径/横径 1.07，侧径/横径 1.11，果实不对称，缝合线浅，梗洼浅，果顶平，果顶尖无，果面光滑，果皮有茸毛（图 4-65）；果实底色黄，着色面积小，着色类型红，着色深浅中，着色样式片状；果肉颜色橙黄，质地细腻，纤维少，果实硬肉，香气弱，汁液多，可溶性固形物含量19.6%，离核；果核卵圆形，核仁苦，鲜核仁重0.70g，核仁饱满程度100%。果实成熟期晚。

'火玲珑'杏在山东省果树研究所万吉山试验基地于2022年6月14日左右成熟。主要特点是果实圆形、可溶性固形物含量高，果梗自果实端脱落，梗洼处果皮有孔，果实着色红，比'珍珠油杏'晚熟5d。2022年果实发育后期干旱少雨情况下母株株产超过20kg。

图4-65 '火玲珑'
（A.果实；B.果实纵剖面；C.种子；D.核仁；E.结果状况；F.花）

附图

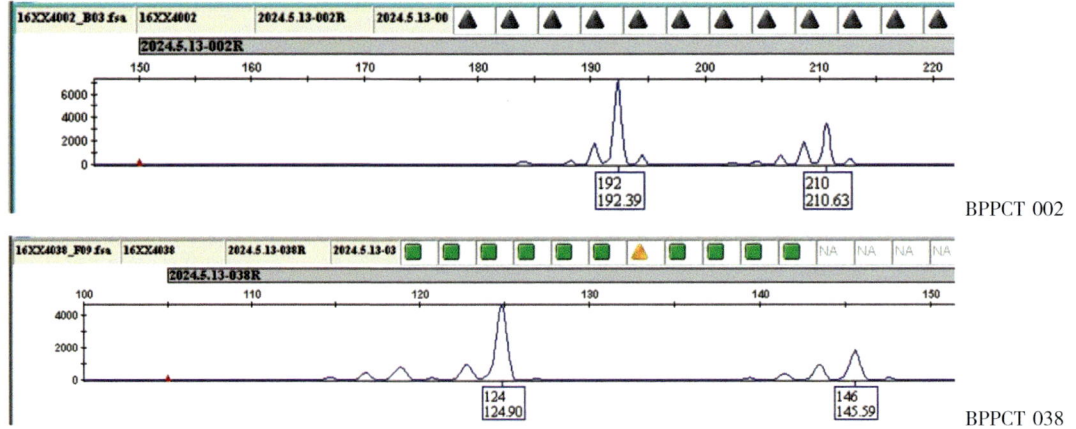

BPPCT 002

BPPCT 038

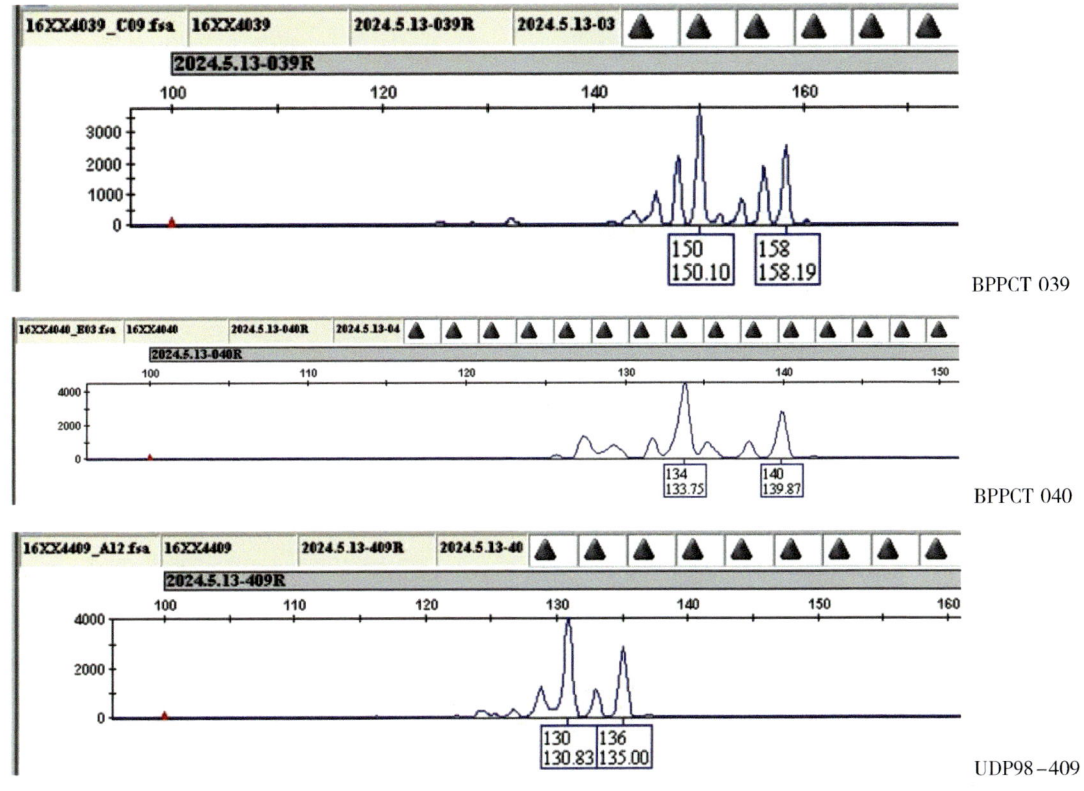

附图 '火玲珑'不同标记的分子图谱

五、白杏 Y（晚熟杏）

来源 '白杏 Y'是山东省果树研究所副所长辛力研究员提供接穗的杏种质。

特征特性 单果重 40.3g，果实椭圆形，纵径 4.20cm，侧径 3.94cm，横径 3.99cm，纵径/横径 1.05，侧径/横径 0.99，果实较对称，缝合线浅，梗洼狭深，果顶凹，有小果顶尖，果面光滑，果皮无茸毛，果皮光泽强（图 4-66）；果实底色黄，着色面积无；果肉颜色浅黄，质地细腻，纤维少，香气弱，汁液极多，可溶性固形物含量 22.2%，黏核；果核形状倒卵圆，鲜核重 3.65g，核仁甜，鲜核仁重 0.95g，核仁 100% 饱满。果实成熟期晚。

'白杏 Y'在山东省果树研究所万吉山试验基地于 6 月 15 日左右成熟。

图 4-66 '白杏 Y'
（A. 果实；B. 果实纵剖面；C. 种子；D. 种仁）

六、种质 M31（晚熟杏）

来源 种质 M31 是山东省果树研究所选育的杏新品种'美华'的实生后代。

特征特性 植株生长势强，树姿半开张，成枝能力 66.3%，一年生枝阳面红褐色；叶片长度 7.35cm，宽度 6.80cm，长度/宽度 1.08，叶片的绿色程度中，叶基钝圆形，叶片尖端夹角中等钝角，叶尖长度中，叶缘尖锯齿，叶缘起伏中，叶柄长度 2.57cm，叶片长度/叶柄长度 2.86，叶柄蜜腺数 1~3 个；初花期 3 月中旬，花瓣单瓣；单果重 44.5g，果实圆形，纵径 4.44cm，侧径 4.48cm，横径 4.24cm，纵径/横径 1.05，侧径/横径 1.06，果实较对称，缝合线浅，梗洼深，果顶平，无果顶尖，果面光滑，果皮有茸毛，果皮光泽强（图 4-67）；果实底色黄，着色面积很小，着色类型红，着色浅，着色样式细点；果肉颜色橙黄，质地细腻，纤维少，果实硬度 0.64kg/cm^2，香气无，汁液很多，可溶性固形物含量 18.7%，离核；果核形状椭圆，鲜核重 2.9g，核仁苦，鲜核仁重 1.02g，核仁 100% 饱满。果实成熟期晚。

杏种质 M31 在山东省果树研究所万吉山试验基地于 6 月 20 日左右成熟。

图 4-67 种质 M31
(A.果实；B.果实纵剖面；C.种子；D.种仁)

七、小杏 T（晚熟杏）

来源 '小杏 T'是山东省果树研究所孙瑞红研究员从甘肃省天水市引入提供的品种。

特征特性 植株生长势强，树姿开张，成枝能力 53%，一年生枝阳面红褐色；叶片长度 9.05cm，宽度 7.08cm，长度/宽度 1.28，叶片的绿色程度中绿，叶基钝圆形，叶片尖端夹角锐角，叶尖长度中，叶缘尖锯齿，叶缘起伏中，叶柄长度 3.43cm，叶片长度/叶柄长度 2.64，叶柄蜜腺数 2~6 个；初花期 3 月中旬，花瓣单瓣；单果重 23.5g，果实椭圆形，纵径 3.55cm，侧径 3.50cm，横径 3.30cm，纵径/横径 1.08，侧径/横径 1.06，果实不对称，缝合线浅，梗洼浅，果顶尖圆，有果顶尖，果面光滑，果皮有茸毛，果皮光泽中（图 4-68）；果实底色黄，着色面积小，着色类型红，着色浅，着

图 4-68 '小杏 T'
(A.果实；B.果实纵剖面；C.种子；D.种仁；E.叶片；F.结果状况)

色样式片状；果肉颜色橙黄，质地细腻，纤维少，香气无，汁液多，可溶性固形物含量25.6%，离核；果核形状椭圆，鲜核重2.56g，核仁甜，鲜核仁重1.08g，核仁100%饱满。果实成熟期晚。

'小杏T'在山东省果树研究所万吉山试验基地于2019年6月26日左右成熟。

附图

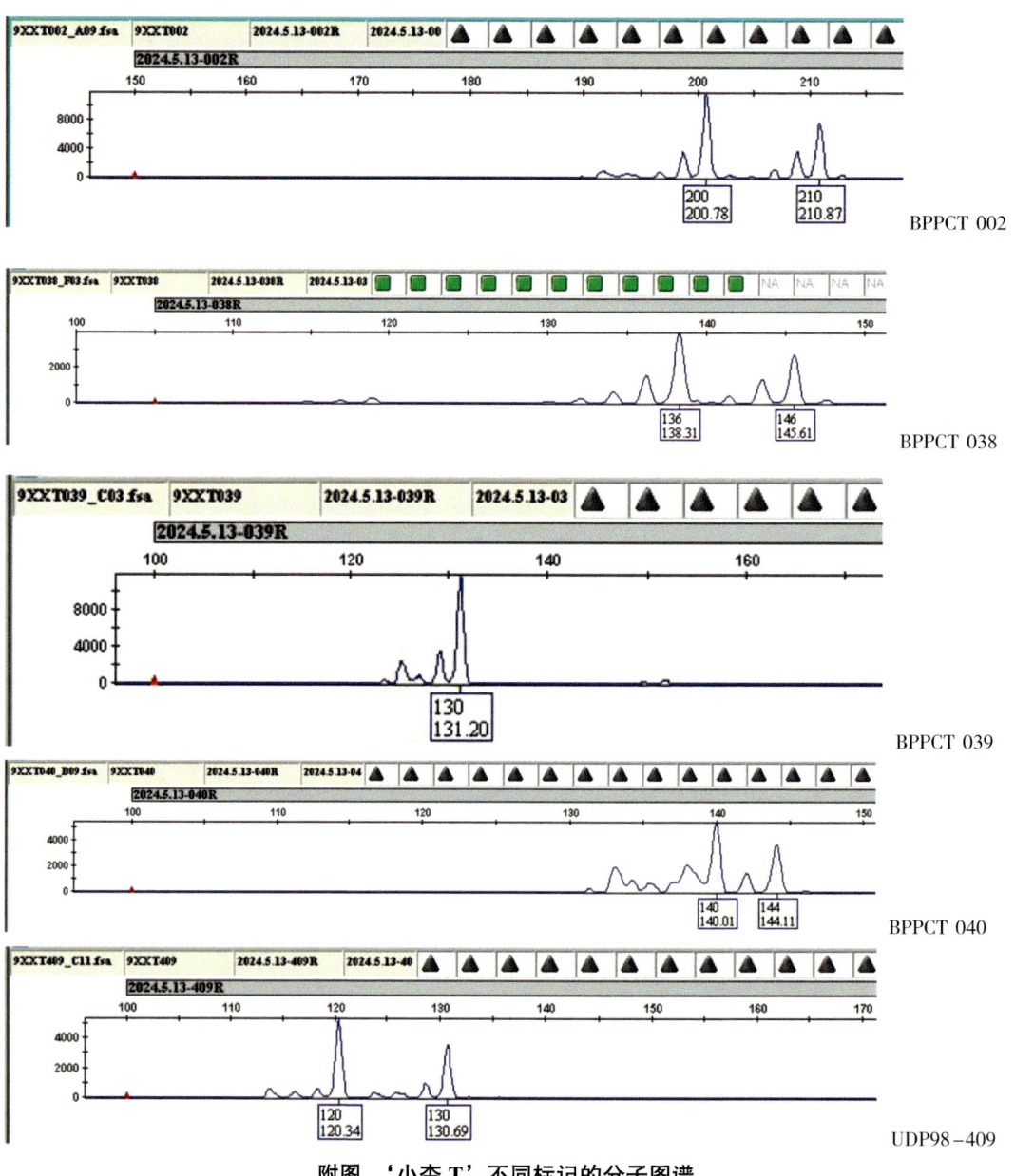

附图 '小杏T'不同标记的分子图谱

八、种质 PS75（晚熟杏）

来源 种质 PS75 通过实生选种方法获得，亲本不详，试验编号 PS75 号。2020 年母株和嫁接树结果，核仁大，选作优株。2021 年母株和嫁接树结果，核仁大。

特征特性 单果重 44.0g，果实圆形，纵径 4.50cm，侧径 4.72cm，横径 4.00cm，纵径/横径 1.13，侧径/横径 1.18，果实不对称，缝合线浅，梗洼浅，果顶凹，无果顶尖，果面光滑，果皮有茸毛，果皮光泽中（图 4-69）；果实底色黄，着色面积很小，着色类型红，着色浅，着色样式斑点；果肉颜色橙黄，质地细腻，纤维少，果实硬度 2.2kg/cm^2，香气中，汁液少，可溶性固形物含量 18.7%，离核；果核形状卵圆，鲜核重 3.2~3.7g，核仁甜，鲜核仁重 1.1~1.3g，核仁 80% 饱满，干核仁重 0.7~0.9g。果实成熟期晚。

种质 PS75 在山东省果树研究所万吉山试验基地于 6 月下旬成熟。与近似品种'珍珠油杏'比较，2020 年和 2021 年种质 PS75 果实有茸毛、核仁大。

图 4-69　种质 PS75 杏仁与对照 S119 杏仁

附图

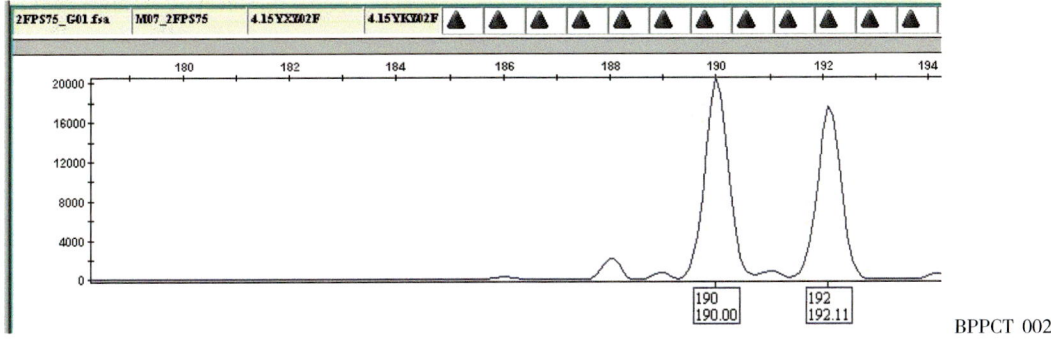

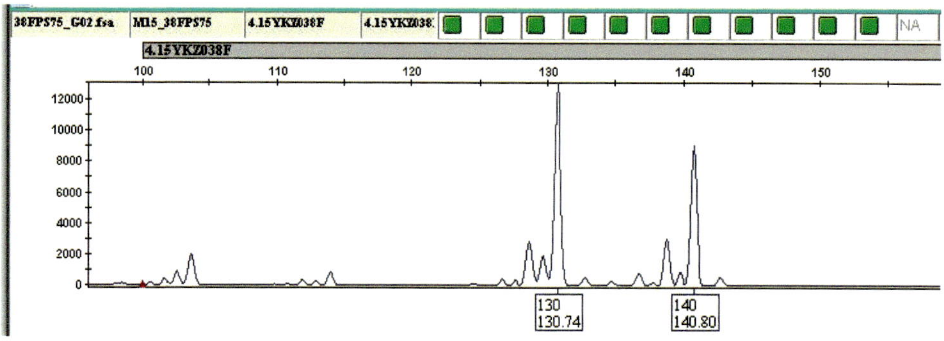

BPPCT 038

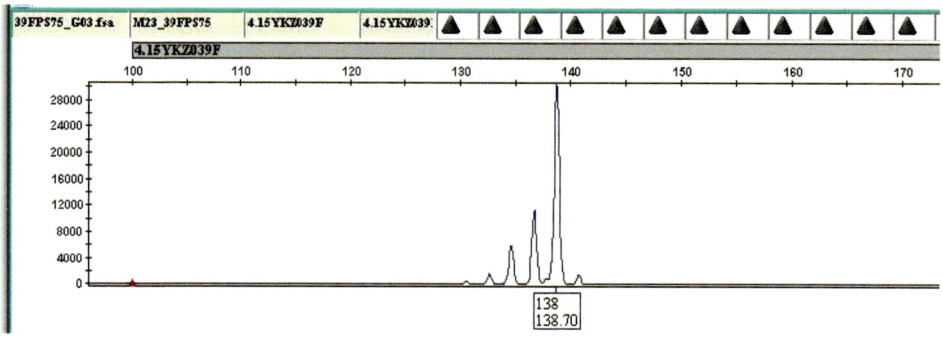

BPPCT 039

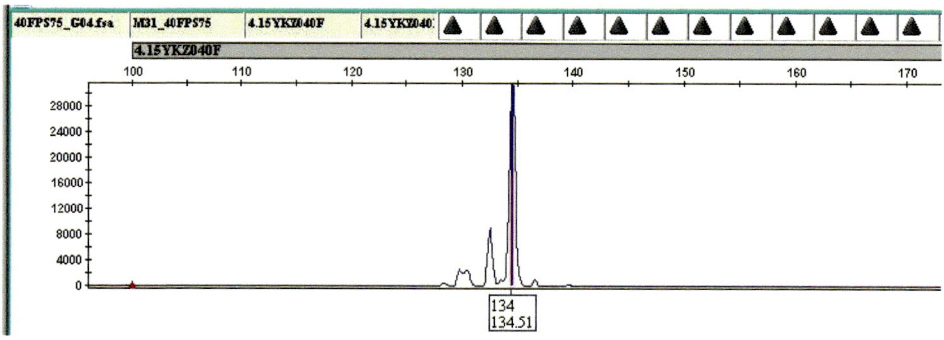

BPPCT 040

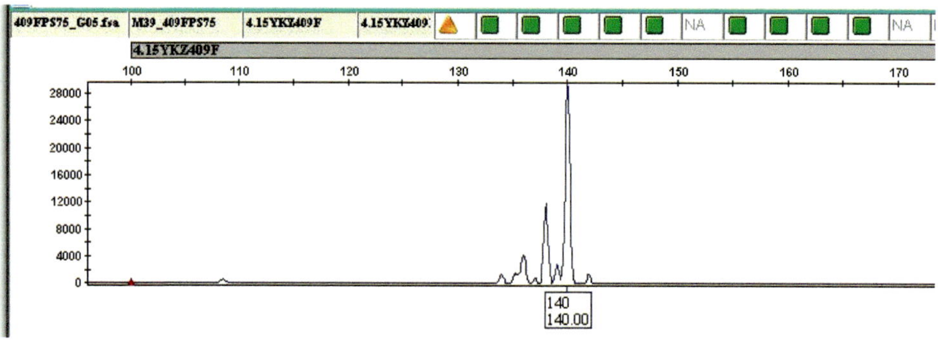

UDP98-409

附图　种质 **PS75** 不同标记的分子图谱

九、树上干（晚熟杏）

来源　'树上干'杏是牛庆霖从新疆引入的杏种质。

特征特性　植株生长势强，树姿开张，成枝能力45.7%，花芽主要在花束状结果枝和一年生枝上，一年生枝阳面红褐色；叶片长度9.26cm，宽度7.30cm，长度/宽度1.27，叶片的绿色程度深，叶基钝圆形，叶片尖端夹角锐角，叶尖长度中，叶缘尖锯齿，叶缘起伏中，叶柄长度3.57cm，叶片长度/叶柄长度2.59，叶柄蜜腺数2~4个；初花期3月中旬，花瓣单瓣；单果重22.5g，果实椭圆形，纵径3.62cm，侧径3.55cm，横径3.18cm，纵径/横径1.14，侧径/横径1.12，果实不对称，缝合线浅，梗洼浅，果顶尖圆，有果顶尖，果面光滑，果皮有茸毛，果皮光泽中（图4-70）；果实底色黄，着色面积小，着色类型红，着色深浅中，着色样式片状；果肉颜色橙黄，质地细腻，纤维少，果实硬度2.25kg/cm^2，香气无，汁液多，可溶性固形物含量22.6%，离核；果核形状椭圆，鲜核重2.3g，核仁甜，鲜核仁重0.7g，核仁100%饱满。果实成熟期晚。

'树上干'在山东省果树研究所万吉山试验基地于6月30日左右成熟。

图4-70　'树上干'
（A.果实；B.果实纵剖面；C.种子；D.种仁；E.叶片）

附图

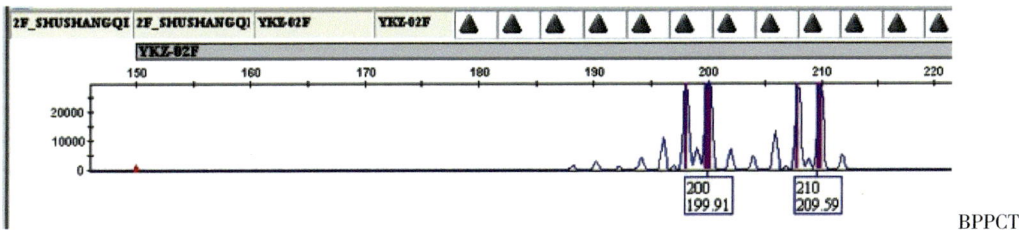

BPPCT 002

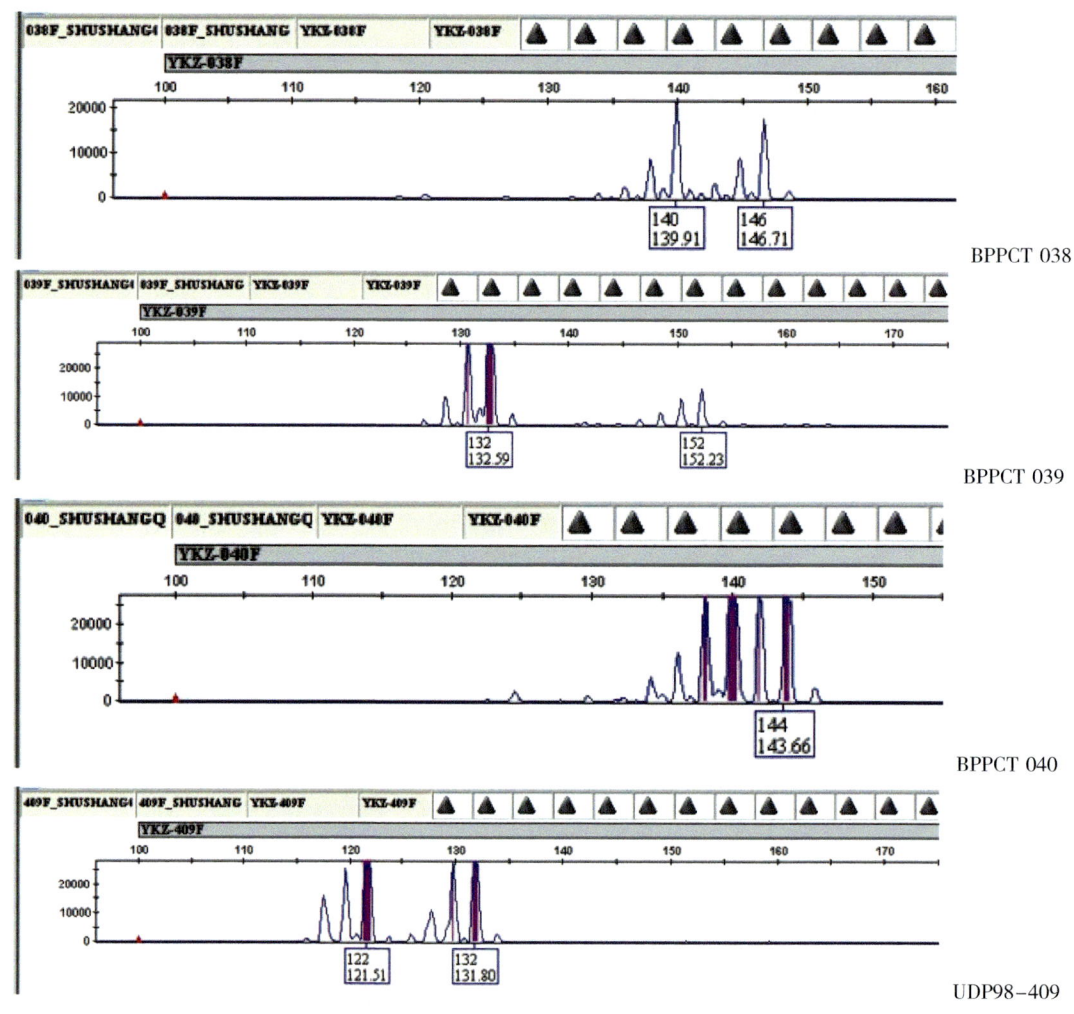

附图 '树上干'不同标记的分子图谱

十、龙窝杏（晚熟杏）

来源　'龙窝杏'是山东省果树研究所张毅研究员推荐在岱岳区采集的杏种质。

特征特性　植株生长势中，树姿开张，成枝能力50%，一年生枝阳面红褐色；叶片长度8.72cm，宽度7.30cm，长度/宽度1.20，叶片的绿色程度中，叶基钝圆形，叶片尖端夹角中等钝角，叶尖长度中，叶缘圆锯齿，叶缘起伏弱，叶柄长度4.49cm，叶片长度/叶柄长度1.94，叶柄蜜腺数0~3个；初花期3月中旬，花瓣单瓣；单果重23.0g，果实椭圆形，纵径3.84cm，侧径3.46cm，横径3.23cm，纵径/横径1.19，侧径/横径1.07，果实不对称，缝合线浅，梗洼浅，果顶微凹，无果顶尖，果面光滑，果皮有茸毛，果皮光泽弱（图4-71）；果实底色绿黄，着色面积很小，着色类型红，着色浅，着色样式细点；果肉颜色橙黄，质地细腻，纤维少，果实硬度3.62kg/cm²，香气无，汁液多，可溶性固形物含量18.3%，离核；果核形状椭圆，鲜核重2.4g，核仁苦，鲜核仁重 0.84g，核仁 100% 饱满。果实成熟期晚。

'龙窝杏'在山东省果树研究所万吉山试验基地于 2019 年 7 月 12 日左右成熟。

图 4-71　'龙窝杏'
（A. 果实；B. 果实纵剖面；C. 种子；D. 种仁；E. 结果树；F. 叶片）

第九节　已收集但尚未完成调查的杏种质

一、实生油杏

葛福荣在山东省果树研究所万吉山试验基地'珍珠油杏'后代实生植株中发现了油杏种质'实生油杏'（图 4-72）。

图 4-72　'实生油杏'

二、阳谷杏

苑克俊和牛庆霖在阳谷县仓上村的果园中采集。

附图

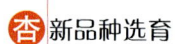

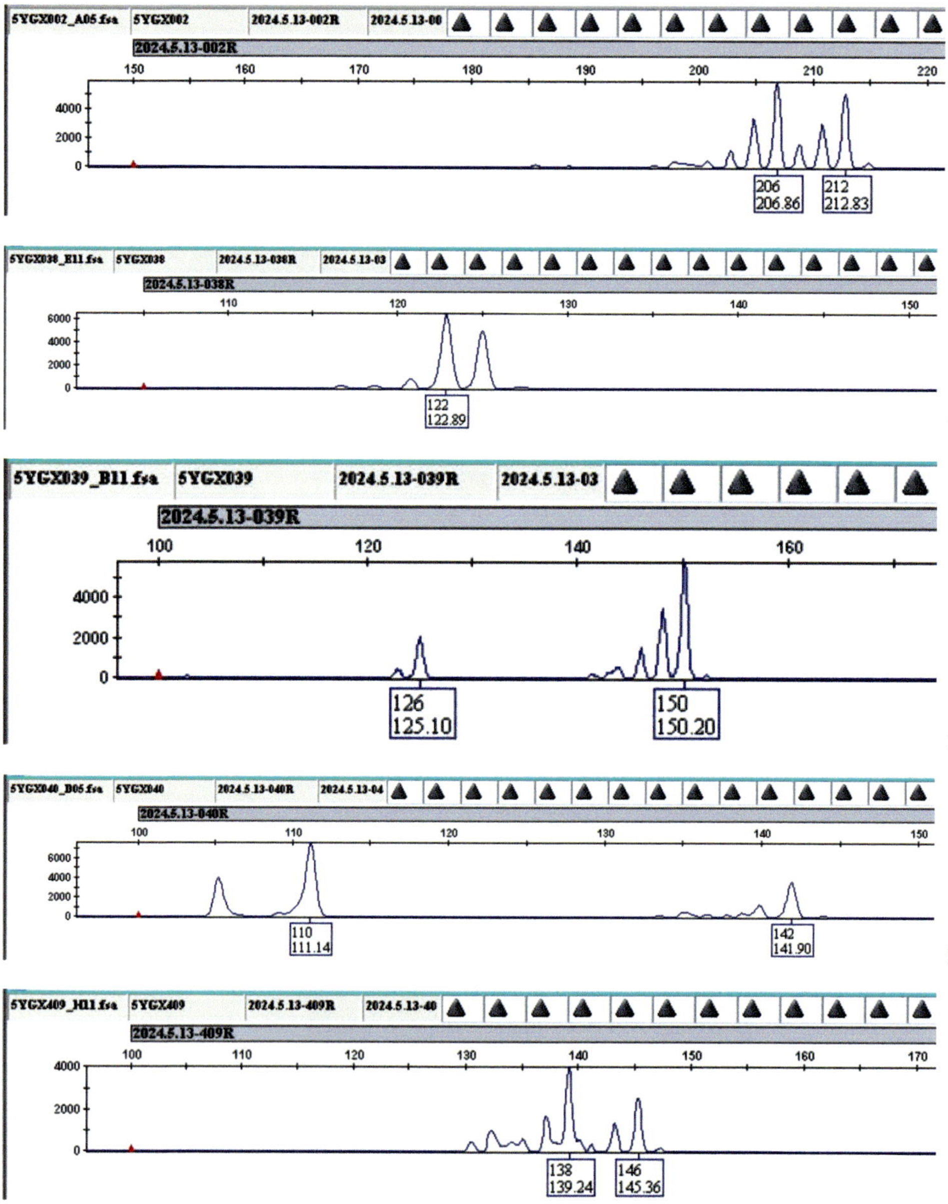

BPPCT 002

BPPCT 038

BPPCT 039

BPPCT 040

UDP98-409

附图 ‘阳谷杏’不同标记的分子图谱

三、香密杏

与山东电视台郭朝华交换的种质。

附图

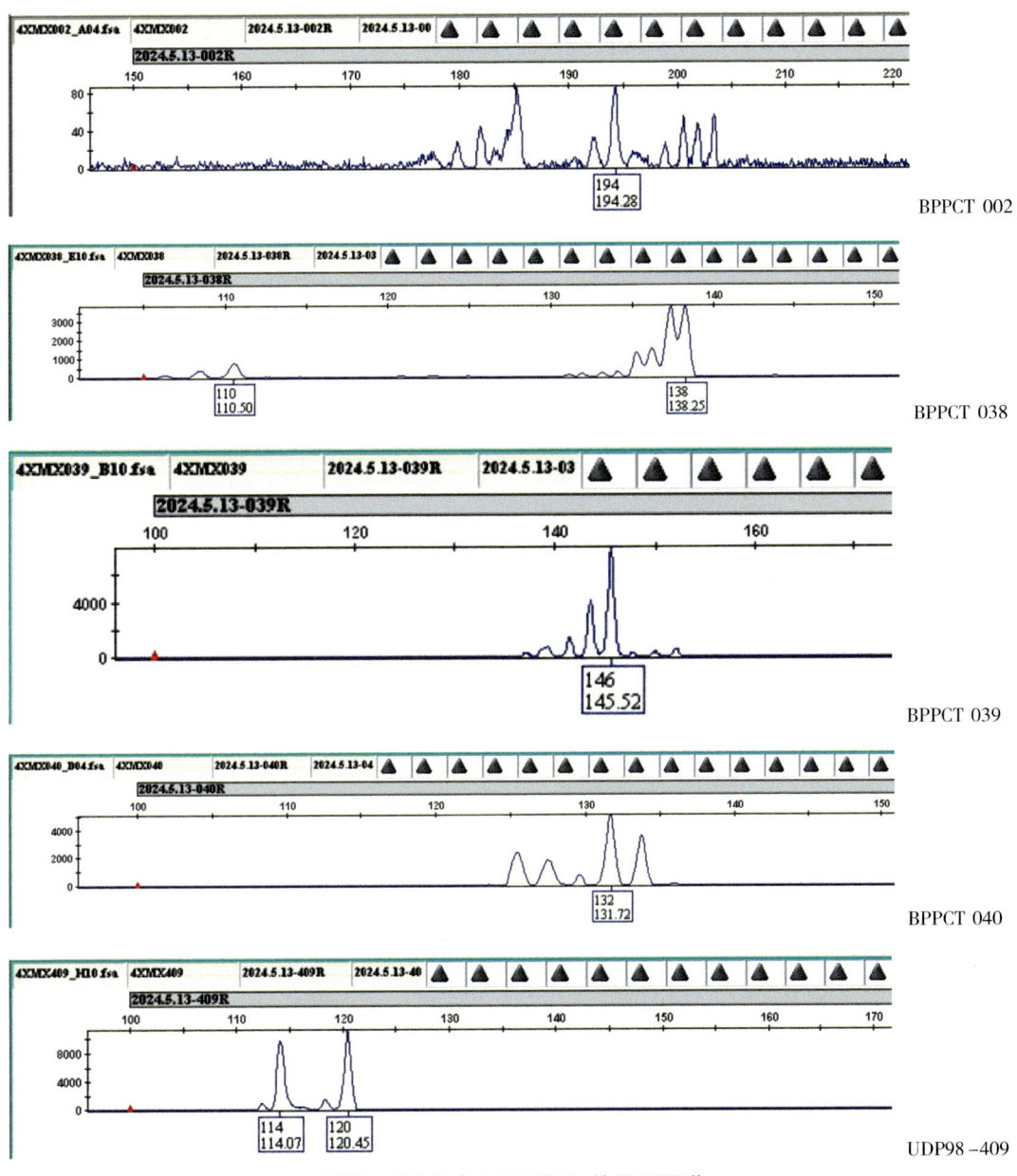

附图 '香密杏'不同标记的分子图谱

参考文献

[1] 苑克俊,王长君,王培久,等.杏采后当年播种培育育种植株技术研究.天津农业科学,2014,20(11):88-92.

[2] 李学强,陈丕玲,郭峰,等. 新泰珍珠油杏及其优质丰产技术.山东林业科技,2005(5):53.

[3] 臧海云, 曲延平, 孔繁涛, 等. 鲜食、加工、仁用杏优良新品种——济丽红. 中国果菜, 2003(6): 36.

[4] 王家喜, 杨式忠, 孙山, 等. 特早熟欧洲甜杏新品种金太阳引种研究报告. 落叶果树, 1999(3): 23.

[5] 孙山, 王少敏, 高华君, 等. 早熟杏新品种'金太阳'. 园艺学报, 2003, 30(5): 633.

[6] 苑克俊, 牛庆霖, 葛福荣, 等. 利用荧光SSR标记构建杏新品系的分子身份证. 北方园艺, 2018, 42(4): 34-40.

[7] 王金政, 李林光, 邹显昌. 优质丰产大果良种——凯特杏. 落叶果树, 1994(4): 22.

第五章
杏新品种和重要种质的分子鉴别方法

杏优良品种、地方良种和农家品种众多，种质资源丰富[1-3]。将新品种和重要种质从丰富的种质资源中鉴别区分出来是一项重要的工作。果树种质和品种鉴定的一种主要方法是 SSR 标记分析。SSR 标记具有多态性丰富、共显性、分辨率高和易于检测等许多优点[4]，被广泛应用于果树种质和品种的指纹图谱和分子身份证构建。例如，有研究者已建立甜樱桃品种 SSR 指纹图谱数据库[5]和 92 个梨品种的 SSR 标记指纹图谱[6]；已构建分子身份证的有 18 份扁桃种质[7]、95 份苹果种质[8]、40 个苹果主要栽培品种[9]、120 份苹果种质资源[10]、80 份葡萄种质资源[11]、20 份梨栽培品种[12]、15 份杏种质[13]、22 份柚类[14]及中国桃[15]。

与过去常用的聚丙烯酰胺凝胶电泳检测法相比，基于 DNA 测序的荧光引物 SSR 标记毛细管电泳检测方法可更准确检测目标 DNA 片段的大小，更适合用于构建指纹图谱和分子身份证[16]。目前，SSR 荧光标记毛细管电泳检测技术已应用于梨、苹果、杏、柚类和枣等果树的研究[6, 8, 9, 13, 14, 17, 18]。

目前，利用 SSR 标记研究杏的遗传多样性报道较多。何天明等[19]分析了新疆栽培杏的群体遗传结构，张淑青等[20]分析了 69 个普通杏品种的遗传多样性，王玉安等[21]分析了甘肃地方杏品种资源的遗传多样性。Dirlewanger 等[22]在桃和樱桃中开发的一些 SSR 标记，Dondini 等[23]通过试验证明可用于分析杏，并将这些 SSR 标记定位到杏的各个连锁群中。这些工作为选择 SSR 引物进行试验、获得杏种质的分子图谱和分子身份证奠定了良好基础。

选取分布在不同连锁群中的 SSR 标记引物，以一些重要杏品种和种质为试材，采用 SSR 荧光标记 PCR 扩增产物毛细管电泳检测技术和图谱带型双代码编码方式，获得重要杏品种和种质的分子鉴别指纹图谱和分子身份证[13]，可以为利用分子鉴定进行品种权保护提供依据。本章介绍利用分子图谱鉴别杏品种和重要种质的方法。

一、试验材料

以品种杏和种质的新鲜幼叶为试材。

二、DNA 提取及 PCR 扩增

用 CTAB 法提取各样品材料的总 DNA。具体方法：取 50mg 材料，液氮研磨，将粉末装到 2ml 离心管中。加入 800μl 2×CTAB 提取缓冲液，再加入 60μl 巯基乙醇，混匀，60℃水浴 30min，其间混匀 2~3 次。待样品冷却到室温，加入 800μl 氯仿∶异戊醇

（24∶1），振荡混匀，12 000r/min 离心 15min。取上清到一个新 2ml 离心管，加入等体积的氯仿∶异戊醇（24∶1），振荡混匀，12 000r/min 离心 15min。取上清到一个新 2ml 离心管，加入 1.5 倍体积 1×CTAB 沉淀液，放置 20~30min，12 000r/min 离心 15min。将沉淀晾干，加 200μl TE-buffer 溶解。加入 400μl 95% 乙醇，20μl 3mol/L NaAC，-20℃沉淀 1h。4℃、12 000r/min 离心 15min。用 500μl 75% 乙醇洗涤，12 000r/min 离心 10min。加入 30~50μl TE-buffer，0.8%琼脂糖凝胶电泳检测[13]。

PCR 扩增引物 UDP98-409、UDAp-471 根据文献选用[19,23]，利用 GDR 基因组数据库中近缘物种扁桃、桃和樱桃的基因组数据找出其引物序列和分布的连锁群。另外 6 对 PCR 扩增引物是从 Dirlewanger 等报道的 SSR 标记引物中选出的[22]，分布在 6 个连锁群上（表 5-1）[23]。每个标记引物的正向引物上分别加注荧光染料 6-FAM 荧光基团，棕色 1.5ml EP 管避光保存[13]。

2024 年实验 SSR-PCR 反应体系包括 10×Taq PCR buffer 2.5μl，dNTPs 0.5μl，10mol/L 正向和反向引物各 0.5μl，DNA 模板 2μl，水 18.5μl，Taq 酶 0.5μl。PCR 循环条件是：94℃预变性 5min；94℃变性 30s，50℃退火 30s，72℃延伸 30s，35 个循环；72℃延伸 10min；4℃下保存。PCR 反应在 Gene Amp PCR System 9600（Perkin Elmer，USA）上进行。

表 5-1　8 个 SSR 标记的引物

标记名称	正向引物序列	反向引物序列	连锁群号
BPPCT 011	TCTGAGGGCTAGAGTGGGC	TGTTTCAGGAGTCGAACAGC	1
BPPCT 002	TCGACAGCTTGATCTTGACC	CAATGCCTACGGAGATAAAAGAC	2
BPPCT 039	ATTACGTACCCTAAAGCTTCTGC	GATGTCATGAAGATTGGAGAGG	3
BPPCT 040	ATGAGGACGTGTCTGAATGG	AGCCAAACCCCTCTTATACG	4
BPPCT 038	TATATTGTTGGCTTCTTGCATG	TGAAAGTGAAACAATGGAAGC	5
BPPCT 025	TCCTGCGTAGAAGAAGGTAGC	CGACATAAAGTCCAAATGGC	6
UDAp-471	CGATGAACAGACACCGTTGA	AGTCCGTCTTTGCTCAGCTC	7
UDP98-409	GCTGATGGGTTTTATGGTTTTC	CGGACTCTTATCCTCTATCAACA	8

三、毛细管电泳检测试验

SSR 荧光标记 PCR 扩增产物利用 ABI 公司的 3730 XL 测序仪进行检测，获得供试种质的电泳图谱和等位基因数据。

四、毛细管电泳图谱

荧光 SSR 标记 PCR 扩增产物经毛细管电泳检测后获得杏种质样品的电泳图谱和等位基因数据。有些种质的电泳图谱，比较容易进行数字化处理，如图 5-1 所示，数字化后显然只有 154bp 和 159bp 这两个图谱特征条带或等位基因。注意，159bp 等位基因数字化自动判读值为 160，人工判读为 159，所以人工判读重要。另外一些种质的电泳图谱，谱带复杂，如图 5-2 所示，'英华'杏品种的电泳图谱上有 150bp、152bp、154bp、156bp、158bp、160bp、162bp 这 7 个图谱条带，电泳图谱数字化后识别 154bp 和 162bp 两个图谱特征条带或等位基因。

需要注意的是，如图 5-2 和图 5-3 所示，两次研究的机器识别数据不同，两次研究的数据难以比较。为此，对试验数据统一采用四舍五入法校正数据，并对照图谱核实数据，人工识读很重要。

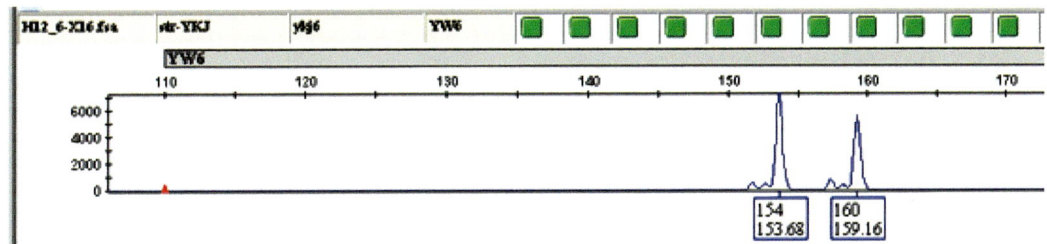

图 5-1　BPPCT 025 标记引物在'开园'杏品种上的扩增产物带型

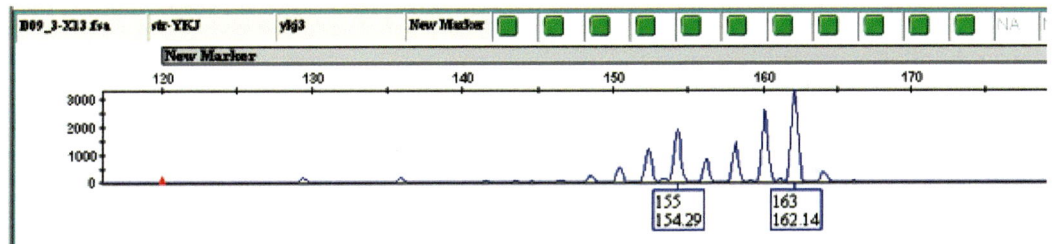

图 5-2　BPPCT 039 标记引物在'英华'杏品种上的扩增产物带型

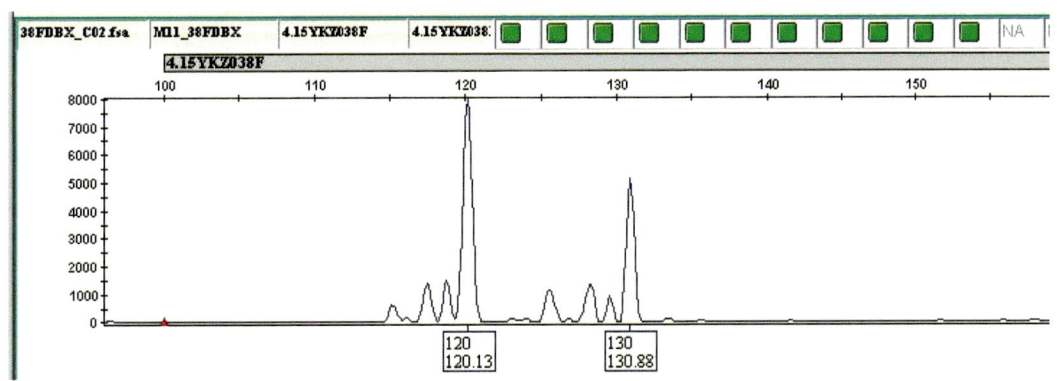

图 5-3　BPPCT 038 标记引物在'豆瓣杏'品种上的扩增特征产物条带（2018）

五、品种和重要种质的分子识别图谱

一个品种或者一份种质用上述 8 个标记 BPPCT 002、BPPCT 038、BPPCT 039、BPPCT 040、UDP98-409、UDAp-471、BPPCT 025 和 BPPCT 011 的引物进行试验，

获得 8 个分子图谱。从表 5-1 可看出，这里选用的 8 个标记分布在 8 个连锁群上，可以使不同标记不受连锁遗传影响，因而具有很好的代表性。

研究结果表明，用 5 个标记的分子图谱就可进行新品种和重要种质的识别[13]。基于此，新品种'开园''春华''满园''立园''国华''玉华'等新品种和重要种质，给出了 5 个标记的分子图谱进行识别。采用 5 个标记的引物进行实验，亲缘关系很近，上述前 4 个标记分子图谱差别很小的'玉巴丹'和'金业巴丹'，也能利用末位标记 UDAp-471 的分子图谱进行区分。

六、分子身份证构建

研究中提出构建分子身份证时，最好按照分子图谱带型数由大到小的顺序 BPPCT 038、BPPCT 039、BPPCT 002、BPPCT 040、BPPCT 011 将不同标记的编码串联[13]。这样后续试验发现更好的标记时，可替换分子身份证 5 个标记构成中靠后的标记，不断优化分子身份证标记构成。通过更多样品的试验，发现可用 UDP98-409 或 UDAp-471 标记代替原来分子身份证中靠后的末位标记 BPPCT 011。按照分子图谱带型数由大到小的顺序排列不同标记，一大优点是可以用前面的几个高多态性标记区分大多数品种和种质，这是本书介绍一个品种或一份重要种质时能够列出 5 个标记的分子图谱进行区别的基础。

分子身份证的标记构成优化后，对于前 4 个标记最好将图谱带型数少的标记 BPPCT 002 放在第一位，这样构建分子身份证更有利于聚类分析，将种质归类为几个较大的类群。由于大多数种质，仅需要前面的 4 个标记就能区别[22]，靠后的末位标记 UDAp-471（或 UDP98-409）将仅用于区分前面 4 个标记不能区别的少数种质。可参考文献构建分子身份证的图谱带型双代码编码方法[22]，按照 BPPCT 002、BPPCT 038、BPPCT 039、BPPCT 040 的标记顺序，利用表 5-2 将其图谱特征条带数值转化为编码，首先获得前面这 4 个标记的分子身份证编码区分大多数种质（表 5-3），对于前面 4 个标记不能区别的少数种质，可直接比较其末位标记例如 UDAp-471 的图谱来区别它们。现有末位标记 UDAp-471（或 UDP98-409 或 BPPCT 011）不能区分时，可开发新的末位标记区分它们。

图谱带型双代码编码方法[13] 以同时采用数字和字母作等位基因的代码来增大编码空间，为尽可能充分利用实验图谱的带型信息采用 1 个标记的 2 个等位基因编码，对 1 个标记的 2 个等位基因统一代码以便使编码能够区分基因型是纯合还是杂合。这种方法除上述优点外，分子身份证长度相对较短，其缺点是需要建立等位基因代码转换表。当添加新的种质、出现新的等位基因时，由于重新排列等位基因会造成各种种质需要重新进行编码，非常麻烦，因此其代码不能按照升序或降序排列，只能在等位基因代码转换表中取靠后位置的代码（表 5-2）。

从表 5-3 可看出，除'大麦黄'是例外，青岛崂山区的杏主要品种'少山红''少山 2 号''关爷脸''青皮篮'和'作石杏'的 BPPCT 039 分子标记编码都是 33，而其他地区只有蒙阴县'大红杏 M'的 BPPCT 039 分子标记编码是 33，这说明青岛崂山区的杏主要品种 BPPCT 039 分子标记所在的位点是一个纯合基因，它在长期繁育发展过程中保持纯合是否说明青岛崂山区的杏主要品种是一个相对封闭地域的群体，值得今后继续探讨。

表 5–2 4 个 SSR 荧光标记的特征条带代码

代码	BPPCT 002	BPPCT 038	BPPCT 039	BPPCT 040	代码	BPPCT 038	BPPCT 039
1	188	125	127	125	n	102	125
2	190	127	131	127	p	110	129
3	192	131	133	135	q	111	146
4	194	139	135	141	r	113	167
5	200	141	141	142	s	119	169
6	210	143	143	144	t	123	213
7	212	147	154	146	u	137	
8	185	154	156	123	v	138	
9	189	156	158	124			
a	191	158	162	134			
b	193	100	164	140			
c	195	114	166	132			
d	199	121	168	137			
e	201	130	142	139			
f	203	140	147	143			
g	207	142	152	105			
h	211	146	136	111			
i	213	104	139	119			
j	115	148	126				
k	120	150	128				
m	129	170	132				

注：位点无扩增产物时用数字"0"作代码，为避免与数字"0"和"1"混淆，排除用字母"o"和"l"作代码。

表 5–3 28 份杏种质前 4 个标记的分子身份证编码

种质	分子身份证	种质	分子身份证
凯特	11 67 6d 36	作石杏	ee p1 33 2a
美华	17 67 68 46	少山 2 号	eh 49 33 ab
开园	23 25 78 17	玉巴丹	eh 1m pc 2a
英华	23 27 7a 13	金业巴丹	eh 1m pr 2a
金太阳	24 57 8b 15	青皮篮	eh qu 33 2a
春华	34 58 78 17	小杏 T	eh vh 22 b6
济丽红	35 44 cc 34	阳谷杏	gi t1 nk h5
珍珠油杏	37 77 89 46	新太阳	h1 1h 8s 2a
红丰	46 9a 5c 37	M4	h3 1h k9 ab
二花槽	46 9a 5c 37	泰安水杏	hc 11 pq a7

续表

种质	分子身份证	种质	分子身份证
香蜜杏	84 vv qq jc	大红杏 M	hh 44 33 aa
大麦黄	9b 5h 9d 66	关爷脸	hh ff 33 2a
大核杏	ad 13 t8 ab	少山红	hh r4 33 2a
363 号	e4 4h ac j5	短茸毛小杏	ic sh q8 67

注：表中部分数据引自文献[13]。

等位基因特征数字编码法：笔者进一步研究后，创建了一种新颖的分子身份证构建方法'等位基因特征数字编码法'，欢迎有兴趣的读者关注我们后续在《中国果树》2025年第2期上发表的相关论文。

参考文献

[1] 山东省果树研究所. 山东果树志. 济南：山东科学技术出版社，1999.

[2] 张加延. 中国李杏资源及开发利用研究. 北京：中国林业出版社，1999.

[3] 王玉柱. 中国杏和李产业调查报告. 北京：中国农业出版社，2016.

[4] Morgante M, Olivieri A. PCR-amplified microsatellites as markers in plant genetics. The Plant Journal, 1993, 3(1): 175–182.

[5] 艾呈祥，张力思，魏海蓉，等. 甜樱桃品种SSR指纹图谱数据库的建立. 中国农学通报，2007，23(5): 55–58.

[6] 高源，田路明，刘凤之，等. 利用SSR荧光标记构建92个梨品种指纹图谱. 园艺学报，2012，39(8): 1437–1446.

[7] Dang G S, Yang J, Golino D A, et al. A practical method for almond cultivar identification and parental analysis using simple sequence repeat markers. Euphytica, 2009, 168: 41–48.

[8] Moriya S, Iwanami H, Okada K, et al. A practical method for apple cultivar identification and parent-offspring analysis using simple sequence repeat markers. Euphytica, 2011, 177(1): 135–150.

[9] 王立新，张小军，史星雲，等. 苹果栽培品种SSR指纹图谱的构建. 果树学报，2012，29(6): 971–977.

[10] 高源，刘凤之，王昆，等. 苹果部分种质资源分子身份证的构建. 中国农业科学，2015，48(19): 3887–3898.

[11] 杜晶晶，刘国银，魏军亚，等. 基于SSR标记构建葡萄种质资源分子身份证. 植物研究，2013，33(2): 232–237.

[12] 张靖国，田瑞，陈启亮，等. 基于SSR标记的梨栽培品种分子身份证的构建. 华中农业大学学报，2014，33(1): 12–17.

[13] 苑克俊，牛庆霖，葛福荣，等. 利用荧光SSR标记构建杏新品系的分子身份证. 北方园艺，2018，42(4): 34–40.

[14] 吴仕蔓，娄兵海，陈传武，等. 应用SSR荧光标记法构建22个柚类品种的分子身份证. 果树

学报, 2023, 40(4): 605-614.

[15] 陈昌文, 曹珂, 王力荣, 等. 中国桃主要品种资源及其野生近缘种的分子身份证构建. 中国农业科学, 2011, 44(10): 2081-2093.

[16] 徐雷锋, 葛亮, 袁素霞, 等. 利用荧光标记SSR构建百合种质资源分子身份证. 园艺学报, 2014, 41(10): 2055-2064.

[17] Achtak H, Oukabli A, Ater M, et al. Microsatellite markers as reliable tools for fig cultivar identification. Journal of the American Society for Horticultural Science, 2009, 134(6): 624-631.

[18] 麻丽颖, 孔德仓, 刘华波, 等. 36份枣品种SSR指纹图谱的构建. 园艺学报, 2012, 39(4): 647-654.

[19] 何天明, 陈学森, 高疆生, 等. 新疆栽培杏群体遗传结构的SSR分析. 园艺学报, 2006, 33(4): 809-812.

[20] 张淑青, 刘冬成, 刘威生, 等. 普通杏品种SSR遗传多样性分析. 园艺学报, 37(1): 23-30.

[21] 王玉安, 欧巧明, 陈建军, 等. 甘肃地方杏品种资源的SSR遗传多样性分析. 西北农业学报, 2013, 22(3): 98-100.

[22] Dirlewanger E, Cosson P, Tavaud M, et al. Development of microsatellite markers in peach [*Prunus persica*(L.)Batsch] and their use in genetic diversity analysis in peach and sweet cherry (*Prunus avium* L.). Theoretical and Applied Genetics, 2002, 105: 127-138.

[23] Dondini L, Lain O, Geuna F, et al. Development of a new SSR-based linkage map in apricot and analysis of synteny with existing *Prunus* maps. Tree Genetics & Genomes, 2007, 3: 239-249.

附 录

附录一　林草植物新品种网上申请注意事项

一、受理范围

申请品种应当属于国家林业和草原局发布的植物品种保护名录范围内（具体见网站保护名录栏目）。

二、测试指南

根据申请品种的属（种）情况，登录 www.cnpvp.net 下载相对应的测试指南，熟悉了解该属（种）开展特异性、一致性、稳定性 DUS 测试技术的有关要求，并按照指南中的要求规范填写申请材料。目前，还没有发布测试指南的，可以参考国际植物新品种保护联盟（UPOV）、UPOV 的其他成员国或国内已发布相类似属种的测试指南。

三、申请流程

1. 申请人、代理机构应通过申请系统填写和提交电子版申请文件，新品办将通过网上申请系统一次性告知申请文件初步审查环节存在的全部问题。初步审查不合格的，通知申请人在 3 个月内陈述意见或者予以修正；逾期未答复或者仍然不合格的，新品办将不予受理并通知申请人。

2. 申请人、代理机构应自网上初步审查通过之日起 3 个月内，下载并打印申请文件，经全体申请人或代理机构签字盖章（申请人为个人的可以签字）。申请人逾期未向新品办提交纸质版申请文件的，视为未提出品种权申请。纸质版申请文件不符合要求的，通知申请人在 1 个月内完成修改，修改后仍不合格的，不予受理并通知申请人。

3. 初步审查符合要求的申请，以在申请系统中的最后一次提交日为申请日，按照初步审查通过的顺序明确申请号，通过系统发送电子版《受理通知书》。

四、材料准备

1. 申请人应提交经网上审核通过后打印的植物新品种权请求书、培育人信息表、说明书、说明书摘要、照片和照片简要说明等纸质材料 1 份。材料上应有申请系统自动分配的二维码和水印。

2. 如果存在优先权申请的，还应提交经原受理机关确认的第一次提出的品种权申请文件复印件。

3. 自然人提出申请的，应提交身份证复印件 1 份；单位（企业）提出申请的，应提交机构法人证书（营业执照）复印件 1 份。存在多个申请人的均需提供。

4. 代理机构负责代理的，应提交申请代理委托书。

5. 申请人委托代理机构的，应由代理机构法人代表签字（签章），加盖公章。申请人未委托代理机构的，应由全体申请人签字或者盖章；申请人为单位的，应由法人代表签字（签章），加盖公章。

6. 照片部分可以采用照片纸或普通 A4 纸全文彩色打印，也可以将照片彩色冲印和裁剪后粘贴在 A4 纸上。

7. 除明确可以为复印件以外的材料，均要求 A4 纸单页打印，涉及签字盖章的全部为原件。申请材料不需要装订、胶印或者精美包装，一般可用回形针、小夹子等进行分类隔开，达到能够快速区分即可。所提交的材料不得折叠。

五、材料寄送

申请材料可采取快递邮寄和当面递交方式，为保障材料安全高效送达，应选择邮政特快专递（EMS）寄送。

邮寄地址：北京市东城区和平里东街 18 号国家林草局主楼 1105 国家林草局新品种保护办公室，邮编：100714。联系电话：010-84238883。

六、网上申请填写说明

1. 申请书全文应使用中文填写，外国人名、地名无统一译文时，应同时注明原文。外国人名、地名无统一译文时，应同时注明原文。

2. 品种暂定名称应简单明了，符合《中华人民共和国植物新品种保护条例》和《中华人民共和国植物新品种保护条例实施细则（林业部分）》要求。品种名称应当使用两个以上简体汉字或者简体汉字加阿拉伯数字组合；相同植物属内的品种名称不得相同；已在外国获得品种权的，应使用音译中文名；品种名称不应具体描述品种特性和育种方法，不应含有比较级或最高级形容词等；未经商标权人同意，品种名称不得与注册商标的名称相同或者近似。

3. 标记有红色 * 的为必填项，其他为选填项。

4. 申请人为单位的，应填写单位全称，并与公章名称和法人证书（营业执照）中名称一致。申请人为个人，应填写本人真实姓名，不得使用别名。存在多个申请人的，申请人的排序无法律效力。

5. 申请人应当按照最终提交的申请文件情况，手工填写实际页数，新品办将按实际收到的文件数量逐项核实。

6. 可供现场考察的植株情况，应根据树龄分别填写对应的植株数量，不能将不同树龄植株汇总后填写合计数量。

7. 培育人是指对新品种的培育做出创造性贡献的自然人。只负责组织管理工作、为物质条件提供方便或者从事其他辅助工作的人不能被视为培育人。

8. 说明书应重点说明申请品种所属的属名、种名以及与国内外同类品种对比的基本情况；申请品种的培育过程和方法部分，应包含时间、地点、亲本（材料）、方法、繁殖方式等信息，存在母树（母株）的还需说明母树（母株）的基本情况；详细说明品种特异性、一致性、稳定性情况，近似品种应为已知品种，原则上不直接与原种进行比较。申请品种与近似品种的特异性对比描述一般采用表格的方式。

9. 照片应包括申请品种的整体植株照片，申请品种特异性明显的一个生长周期（春、夏、秋、冬）照片；涉及叶、花、果等便于采集的部分，一种性状的对比原则上应在同一张照片上；一般为彩色照片。

10. 照片简要说明主要是对申请品种与对照（近似）品种的特征特性进行对比说明；如果申请品种与对照（近似）品种在一张照片上，应注明分别所处的排列顺序或位置。

11. 委托代理机构提交申请的，如果申请人为国外的须分别提交中文和英文版代理委托书；如果申请人为国内的只提交中文版代理委托书。

12. 2021年1月1日之后受理的品种权申请，采取全流程线上管理，申请人可实时查询该品种权申请的阶段和状态等信息，通过消息栏查看相关通知。受理、授权通知书等我办将通过申请系统发送；申请补正、申请人（品种权人）变更等事务，申请人应通过系统网上提交，提交后下载并打印材料，按要求签字盖章后选择邮政特快专递（EMS）邮寄或面交至新品办。

13. 《现场审查申请》《领取品种证书委托函》《品种权证书委托邮寄函》只需网上提交并上传签字盖章后的文件电子版。涉及多个共同申请人的，在确保申请人意见一致的情况下，允许申请人各自打印单独签字盖章后合并为一个文件上传申请系统。

七、材料补正

1. 可以填写副表中的相应表格对申请内容进行补正。如果是申请人变更，请填写申请人变更表；如果是请求书、说明书、照片等内容补正，需填写补正书进行补正。

2. 变更培育人的，请选择补正请求书第8项。增加培育人的，需另附"关于申请变更植物新品种培育人的说明"纸质材料1份（不需要上传管理系统，格式可在网站文件下载中下载）。

3. 补正书中的文字补正部分，应准确填写补正的材料名称、页码、项，补正前和补正后的文字内容应针对选择的项，进行全文补正。例如需要补正说明书第4项"品种培育过程和方法"，应填写该项补正前后的全部内容，不能仅选择其中某一行或某一句。

4. 涉及请求书第6项"品种特异性、一致性、稳定性的详细说明"以及照片补正的，限于这2项内容格式特殊无法通过文字补正，需上传对应文件，文件格式见管理系统内模板。

附件二　2022 年山东省主要林木品种审定申报要求

一、申报条件

凡为《中华人民共和国主要林木目录》第一批和第二批范围内的，按科学选育程序，经过省内区域试验，证实在一定区域内具有推广使用价值、性状优良的品种，优良种源区内的优良林分或种子生产基地生产的种子，有特殊使用价值的种源、家系或无性系，引种成功拟作为良种进行推广应用的品种，认定有效期满并符合前述条件的林木品种，以及获得商品化生产许可的转基因林木品种，选育人均可申报。

二、申报材料

1. 山东省主要林木品种审定申请书。
2. 选育报告。应详述选育品种的亲本来源及特性，选育（引种）研究与分析，区域（引种）试验内容与结果，主要经济指标和优缺点，繁育栽培技术要点，适生条件和适宜种植范围等。
3. 特异性、一致性、稳定性报告。品种及无性系需详细描述特异性、一致性、稳定性；获得植物新品种权的，只需提交品种权证书复印件。
4. 林木品种特征标准图谱（如：根、茎、叶、花、果实、种子的照片）及母树、试验林照片（每个试验点至少一张，并用明显标识区分对照品种与申报品种）。观赏品种的花、果、叶等照片，应连同标准色卡一同拍摄。数量不少于 8 张，JPG 格式，文件名为照片内容。
5. 转基因品种需附转基因林木安全证书复印件；经济林品种需附有资质机构出具的申报品种及对照品种品质鉴定材料；用材林品种需附有资质机构出具的申报品种与对照品种材性鉴定材料。
6. 申报的优良种源有明确的采种地点、林分面积证明。
7. 属协作育种的或代理申报的，附协作协议复印件和报审委托书。
8. 申请人与原选育人不一致的，应提供原选育人出具的委托书。
9. 通过科技鉴定或取得有关奖励的，可附相应证书复印件。

三、有关要求

1. 申报品种须经系统选育研究和区域试验，品种优点突出。
2. 区域试验范围应具有 3 个以上不同县域的试验点。
3. 试验期限要求。
①用材和防护林品种：速生阔叶树优良无性系、家系或种源林不少于二分之一轮伐期；针叶树及慢生阔叶树不少于三分之一轮伐期；引种驯化树种不少于三分之二轮伐期；短轮伐期定向培育树种要有生产周期的重复。

②经济林品种：产量、品质等指标应采用在一定试验面积内（不少于 $1hm^2$）盛果期连续 4 年或 4 年以上观察数值的平均数。不可采用单株、小面积种植或高接树折合产量作为衡量标准。

③观赏植物品种：乡土品种需 3 年以上；引进品种需 5 年以上。

4.区域试验所在地的县级和市级林业主管部门出具审核意见并签章。

5.主要林木品种命名应符合有关法律法规的要求，不得与他人驰名商标、同类注册商标的名称相同或者近似。

四、其他事项

《山东省主要林木品种审定申请书》电子版可在山东省自然资源厅（山东省林业局）网站（http://dnr.shandong.gov.cn/）通知公告栏目中下载。